云南省热带作物科学研究所

获奖科技成果汇编

（1953—2023年）

云南省热带作物科学研究所　主编

中国农业科学技术出版社

图书在版编目（CIP）数据

云南省热带作物科学研究所获奖科技成果汇编：1953—2023年 / 云南省热带作物科学研究所主编. --北京：中国农业科学技术出版社，2023. 9

ISBN 978-7-5116-6427-3

Ⅰ. ①云… Ⅱ. ①云… Ⅲ. ①热带作物－科技成果－汇编－中国－1953-2023 Ⅳ. ①S59

中国国家版本馆CIP数据核字（2023）第168796号

责任编辑 于建慧
责任校对 李向荣
责任印制 姜义伟 王思文

出 版 者 中国农业科学技术出版社
北京市中关村南大街12号 邮编：100081
电 话 （010）82109708（编辑室） （010）82109702（发行部）
（010）82109709（读者服务部）
网 址 https: // castp.caas.cn
经 销 者 各地新华书店
印 刷 者 北京中科印刷有限公司
开 本 155 mm × 235 mm 1/16
印 张 20
字 数 306千字
版 次 2023年9月第1版 2023年9月第1次印刷
定 价 198.00元

云南省热带作物科学研究所
获奖科技成果汇编（1953—2023年）

编辑委员会

前　言

1953年，承当着国家“争取重要战略物资天然橡胶自给，保证国防和工业建设的需要”这一光荣而艰巨使命的云南省热带作物科学研究所成立（成立之初名为“云南特种林试验指导所车里特种林试验场”）。七十年来，我们始终不忘初心，勇于开拓创新，取得一系列重大科技成果，支撑云南建成国内最大、最优的天然橡胶种植产业，实现面积、单产、总产三个全国第一，建成占世界“半壁江山”的云南澳洲坚果产业……为保障国家天然橡胶战略供给安全作出了重要贡献，为产业兴边富民作出了重要贡献。七十年来，我们筚路蓝缕启山林，栉风沐雨砥砺行，亲历了新中国成立之初的社会主义改造、计划经济时期的社会主义建设、改革开放时期的社会主义发展，踏上了全面建设社会主义现代化国家的新时代、新征程。七十年前进路上，我们克服了各种困难，战胜了各种挑战，取得今天的成绩殊为不易，我们要感谢那些艰苦努力、无私奉献，为科技创新事业作出贡献的老一辈科技工作者，要感谢那些在困难和挑战面前勇于担当、砥砺前行，为改革发展事业作出贡献的老一辈干部职工，我们要珍惜这来之不易的成绩，努力在科技创新和改革发展各项工作上取得新进展，实现新突破，共同开创云南省热带作物科学研究所更加光辉灿烂的未来。

编纂出版《云南省热带作物科学研究所获奖科技成果汇编（1953—2023年）》，其初衷一方面是总结七十年来的主要科技创新成绩，促进成果宣传和推广应用，另一方面是总结经验，找出问题短板，以不断改进我们的工作。我们的成绩有目共睹、无需赘述，我们的问题短板主要是：原创性科技成果不足，多为集成创新和引进消化创新；国家级、高层次科技成果少，特别是近20年来缺乏有影响力的国家级成果；科技成果转化和产业化应用率偏低，总体社会效益和经济效益还不够显著。只有正视这些问题，不断改进和完善我们的工作，我们的事业才能不断前进。

新时代、新征程，需要新思想、新作为，需要开创新局面、取得新成效。职责和使命要求我们要勇立潮头，在热作科技创新事业上要不断紧跟时代发展步伐、引领科技发展潮流，才能更好履行国家农业科技自立自强的光荣使命，更好承担用科技保障边疆民族地区农业现代化的重大职责。我们要秉承"尚农笃学，民本为实"精神，以自我革命精神革新思想，以思想革新促进行动革新，以制度创新促进科技创新，不断提高人才吸引力和凝聚力，盘活资源、激活要素，着力在科技创新能力、科技服务能力、成果转化能力提升方面取得新成效、开创新局面，为开创中国式现代化云南新篇章作出更大贡献。

云南省热带作物科学研究所

穆洪军

2023年9月

目　录

获国家级奖励项目

一等奖

二等奖

三等奖

科学大会奖

科技推广奖

星火科技奖

获省（部）级奖励项目

一等奖

二等奖

三等奖

四等奖

科学技术成果奖

技术开发优秀成果奖

星火科技奖

获地（厅）级奖励项目

一等奖

二等奖

三等奖

四等奖

鼓励奖

科学大会奖

获国家级奖励项目

- 一　等　奖：2项
- 二　等　奖：3项
- 三　等　奖：1项
- 科学大会奖：1项
- 科技推广奖：1项
- 星火科技奖：1项

橡胶树在北纬18°～24°大面积种植技术

主要完成单位 全国橡胶科研协作组（包括华南热带作物科学研究院、华南热带作物学院、广东农垦总局、云南农垦总局、广西农垦局、福建农垦局和中国科学院等有关单位）

主要完成人员 集体

授奖级别 国家发明奖一等奖

授奖时间 1982年

成果简介 巴西橡胶（*Hevea brasiliensis*）原产于南美洲亚马孙河流域的热带雨林中，是一种喜高温高湿和静风沃土的典型热带树种。近百年来已在全世界热带地区引种栽培，但国外均在南纬10° 与北纬15°间的低海拔地带种植，并视北纬17°线以北为“植胶禁区”。

我国广东、云南、广西、福建南部植胶垦区，位于北纬18°～25°。云南是4省（区）纬度最北（21°～25°）、海拔最高（大都在600～900 m范围，部分达1 000 m左右）的垦区，水热条件不如东南亚植胶国家和海南岛，年积温比马来西亚低2 000℃左右，比海南岛低500℃左右；年降水量比马来西亚少1 000～1 200 mm，比海南岛少500～800 mm。橡胶树年生长期及割胶期比东南亚国家短，年割次仅100～105次，比东南亚植胶国少50～60次，冬季常有寒害。

为解决在云南垦区抗寒植胶和高产问题，经长期试验研究和生产实践，总结出具有云南省特点的橡胶北移栽培技术。首先是注意宜胶地的选择，根据区域内部地形结构与邻近外围地形、降温性质等划分寒害中区；在中区基础上再根据小地形因素，以坡向、坡位为主，结合坡度、坡形等小环境搞好小区区划，以充分发挥优良环境的作用。再是按小区配置相适应的品系，除已选出并推广了国外13个无性系和3个有性系外，尚有自育的能抗-0.9℃低温、中产的‘云研1号’有性系和中抗高产的‘云研277-5’小规模推广于生产。三是根据不同环境和品系采取相应的栽培措施，例如芽接带干过冬，提早锯砧萌动芽定植；采用宽行密株的种植形式；根据一年中两个高峰的产胶规律于3月提前开割、低温期浅割、冬前适时停割及应用乙烯利刺激短割线割胶，停割后及时用油脂涂封割面、胶园修筑等高梯田及种植绿肥覆盖等。

由于采取环境、品系、措施“三对口”，加强胶园管理，养树与科学割胶相结合，增强了胶树生势和越冬耐寒能力，避免或减轻了寒害，在云南高纬度高海拔地区不仅大面积植胶成功，而且成为全国的高产区，取得了显著的经济效益。至1982年，云南全省已植胶100万亩*，投产约35万亩，历年累计产干胶15万余t，产值9亿余元。其中，农垦植胶86万亩，投产33万余亩，累计产干胶14.4万余t，产值8.6亿余元。1982年，平均亩产干胶66.95 kg，不仅比全国平均亩产（50余千克）高，而且超过当前印尼（35.7 kg）、泰国（27.5 kg）、斯里兰卡（60 kg）等国水平，与马来西亚小胶园（67 kg）相当。

发明证书

A 00240

为了表彰在科学技术现代化方面作出重大贡献的发明者，特颁发此证书，以资鼓励。

发明项目：“橡胶树在北纬18—24度大面积种植技术”

发 明 者：全国橡胶科研协作组

奖励等级：一等

奖章号码：00008

中华人民共和国
国家科学技术委员会主任 方毅

一九八二年十月

橡胶树在云南北纬21°~24°大面积种植成功技术，是全国橡胶树在北纬18°~24°大面积种植技术的重要组成部分。1982年，与华南两院、广东、广西、福建垦区及有关协作单位，同获国家发明奖一等奖。

注：1亩≈667m^2。全书同。

橡胶树优良无性系的引种、选育与大面积推广应用

主要完成单位　中国热带农业科学院、海南省农垦总局、云南省农垦总局、广东省农垦总局

主要完成人员　刘松泉、徐广泽、郑学勤、邓鸣科、潘华荪、吴云通、姜天民、周钟毓、何世强、杨少斧、曾宪松、区晋汉、张世杰、庞廷祥、杨立青等

授奖级别　国家科学技术进步奖一等奖

（1998年获农业部科学技术进步奖一等奖）

授奖时间　1999年

成果简介　橡胶树选育种周期长，我国植胶业起步晚，但发展快，引进良种经适应性试验择优推广，使我国植胶业良种化提前了约30年。

40年来，从马来西亚和印度尼西亚等国引进橡胶无性系共208个，经适应性等一系列试验筛选，选出高产无性系‘RRIM600’抗风高产的‘PR107’高产抗风的‘PB260’‘RRIC100’抗寒高产的‘GT1’‘IAN873’等，在海南、云南和广东3省农垦系统共种植484.8万亩，开割373.8万亩，仅1981—1995年累计增产干胶193.50万t，增加产值151.65亿元，获利44.83亿元，上缴税金8.49亿元，税利共53.32亿元，为1952—1995年种植国外优良品种国家总投资38.92亿元的137%，经济效益非常显著。

在推广过程中，采用修枝整型和选配“三合树”（如‘93-114’/‘GT1’组合等）技术，改造国外无性系，可使其扬长避短，充分发挥抗性和高产特性。利用我国特有的生态环境条件，鉴定出某些无性系的抗寒或抗风的新特性，例如‘GT1’和‘IAN873’无性系具有较强

的耐寒性，而‘PR107’则具有较强的抗风能力。根据我国选育目标，选用国外优良亲本，杂交培育我国新一代无性系，成绩非常显著，至“八五”末，选育出属于我国自育、亲本来源清楚的29个推广级无性系中，国外无性系亲本参与值达87.9%。结合国外橡胶树优良无性系试验推广而研究解决的耐寒性早期预测、无性系形态鉴定等技术，在以后橡胶树选育种中将继续发挥作用。

科技進步奬

証書

为表彰在促进科学技术进步工作中做出重大贡献者，特颁发国家科技进步奖证书，以资鼓励。

获奖项目：橡胶树优良无性系的引种、选育与大面积推广应用

获奖单位：云南省农垦总局

奖励等级：一等奖

奖励时间：一九九九年十二月

证书号：13-1-001-003

中华人民共和国科学技术部

朱丽兰

中龄橡胶芽接树割胶制度改革与推广

主要完成单位 广东省农垦总局生产科技处、华南热作研究院橡胶所、云南省热带作物科学研究所、海南省农垦总局热作林业处

主要完成人员 李乐平、许闻献、敖硕昌、罗伯业、魏小弟、陈云华、朱新仰、林子彬、梁泽文

授奖级别 国家科学技术进步奖二等奖
（1990年农业部科学技术进步奖二等奖）

授奖时间 1992年

成果简介 该项目是在前期研究乙烯利刺激割胶的基础上，针对我国20世纪60年代和70年代初大量种植的‘PR107’‘GT1’和‘PB86’已进入中龄期、正处于刺激最佳时期的情况，为挖掘中龄芽接树的产胶潜力，由农业部农垦局组织有关单位共同协作开展。采用低频、短线、少药、浅割、轮换、增肥、动态分析等措施，按地区特点，推广5种新型刺激割胶制度。通过多因子综合调控，大多数刺激割胶制度在比对照减少28%～48%割次的情况下，干胶产量极显著高于对照，增产率20%左右，单株年增产干胶0.6～0.8 kg，省皮20%～40%，省工30%，减少了胶树的割面病害，增加了胶工的收入，取得了显著的经济效益和社会效益。1990—1992年已在104个农场推广，推广面积116万亩，新增产值1.2亿元，新增利税9 000多万元，节省胶工12 000人·日，节省企业开支92万元，胶工工资由1 800元/年提高到2 800～3 500元/年，成为我国胶工脱贫致富的新途径，而且缓解了国营农场胶工不足的局面。该技术具有我国特色，达到国际同类技术先进水平，适用于我国各植胶区，推广对象为15龄以上正常的橡胶芽接树‘PR107’‘GT1’和‘PB86’及其他耐刺激品系。

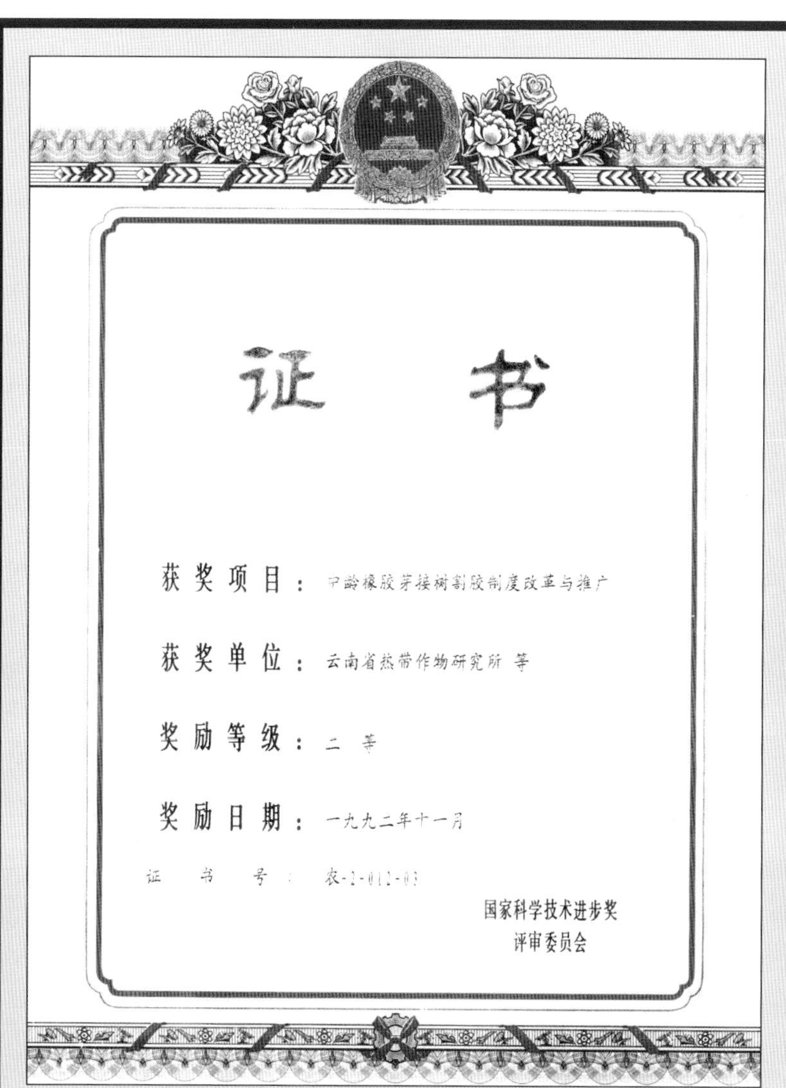

证　书

获奖项目：中龄橡胶芽接树割胶制度改革与推广

获奖单位：云南省热带作物研究所 等

奖励等级：二　等

奖励日期：一九九二年十一月

证书号：农-2-012-03

国家科学技术进步奖
评审委员会

橡胶树在热带北缘云南高海拔植区大面积高产综合技术

主要完成单位 云南省农垦总局

主要完成人员 集体

授奖级别 国家科技进步奖二等奖

（1995年获云南省科学技术进步奖一等奖）

授奖时间 1996年

成果简介 该项综合技术是针对橡胶树在纬度偏北，海拔高，地形、小气候环境十分复杂的云南山地，或冬季温度偏低等特殊植胶环境条件，通过近40年研究而创造的包括山地胶园开垦建设、抗寒高产良种选育、植胶环境类型区划、抗寒栽培、防病、割胶等一整套技术。技术经全面推广应用，既能充分利用云南植胶环境中的有利因素，又可避免或减轻低温寒害、病害等不利因素的影响，在世界非传统植胶区N21°9′～25°、海拔100～1 000 m的山地种植橡胶获得大面积高产。1994年，云南全省农垦割胶面积90.44万亩，总产干胶9.35万t，平均亩产103.37 kg，亩产量居全国之冠，达到世界先进水平。该综合技术中的多项技术——山地小气候研究，山地胶园开垦十大工序，优良品种选育，宽行密株种植形式，植胶类型小区区划，环境、品种、措施“三对口”植胶技术，防治条溃疡病农药瑞毒霉缓释剂的研制应用，云南山地橡胶树白粉病综合治理，云南橡胶树产排胶规律研究及相适应的割胶技术与割胶制度等在国内外均具有创新性，首创了在世界非传统植胶区纬度偏北、海拔偏高的山地大面积植胶高产的经验。应用于生产取得了显著的经济效益，仅1981—1994年即累计生产干胶69万t，销售收入48.37亿元，为国家投资总额的143.8%，取得胶林固定资产净值5.33亿元，建成加工、能源、道路等配套基础设施，可持续多年产生效益。该项综合技术的推广应用使云南成功建成为我国天然橡胶高产稳产基地。

科技進步獎

証書

为表彰在促进科学技术进步工作中做出重大贡献者，特颁发国家科技进步奖证书，以资鼓励。

获奖项目：橡胶树在热带北缘云南高海拔植区大面积高产综合技术

获奖单位：云南省农垦总局

奖励等级：二等奖

奖励时间：一九九六年十二月

证书号：13-2-011-01

中华人民共和国
国家科学技术委员会主任 宋健

中国橡胶树主栽区割胶技术体系改进及应用

主要完成单位　中国热带农业科学院、海南省农垦总局、云南省农垦总局、广东省农垦总局

主要完成人员　许闻献、魏小弟、张鑫真、陈积贤、蔡汉荣、校现周、吴嘉涟、李传辉、刘远清、罗世巧、林勋祐、瞿意明、陈云集、符衍裘、陈克难、彭远明

授奖级别　国家科学技术进步奖二等奖

授奖时间　2006年

成果简介　本项目是农业农村部下达的多项割胶技术专题组成的综合技术研究。经过30年跨省（区）、跨部门联合攻关，通过试验→总结→改进→提高→再改进→再提高→技术集成，完成了从实生树和国内低产芽接树到高产芽接树、从中老龄割胶树到幼龄割胶树、从较耐刺激品种的橡胶树割胶技术体系改进及应用，研究创建了“减刀、浅割、增肥、产胶动态分析、全程连续递进、低浓度短周期、复方乙烯利刺激割胶”等具有中国特色的割胶技术体系，并在我国橡胶树主栽区大面积推广应用。

主要技术经济指标：提高产量10%～15%，提高劳动生产率50%～150%，节约树皮26%～52%。

通过化学刺激割胶理论和技术创新，建立起低频高效割胶技术，改进了天然橡胶生产关键技术——割胶技术，由人割383～478株增加到669～892株，成倍提高了割胶劳动生产率，同时增加单产、延长橡胶树经济寿命、增加胶农收入和植胶企业效益，从而促进了我国天然橡胶业的科技进步和产业升级。

特色创新：本项成果是一项集技术引进、理论研究、技术开发及推广应用社会经济效益十分显著的农业综合技术，创建了一套有中国特

色的刺激割胶理念和技术体系，解决刺激割胶的安全性、规范性、通用性和可持续性问题，同时，科研攻关、技术开发和推广应用紧密结合，使本项科技成果能快速和安全地推广应用到生产中去。

推广应用：30多年来累计净增产干胶99.04万t，新增产值83.16亿元，增收节支103.55亿元。2005年，仅海南、云南、广东3省的农垦系统推广应用割胶技术改进体系的割胶面积就达28.86万hm^2，推广率达98%，当年节省胶工13.3万人。天然橡胶割胶新技术2005年被列入农业部科技入户十大主推技术和海南省十大科技成果示范推广工程项目。

国家科学技术进步奖

证　书

为表彰国家科学技术进步奖获得者，特颁发此证书。

项目名称：中国橡胶树主栽区割胶技术体系改进及应用

奖励等级：二等

获 奖 者：云南省农垦总局

中华人民共和国国务院

2007年2月11日

证书号：2006-J-201-2-06-D03

三等奖

云南山地橡胶白粉病流行规律及预测研究

主要完成单位 云南省热带作物科学研究所、云南省农垦总局、勐撒农场、云南省景洪热作气象试验站

主要完成人员 邵志忠、周建军、陈积贤、李朝诚、蒙运澄

授奖级别 国家科学技术进步奖三等奖

（1996年获云南省科学技术进步奖二等奖）

授奖时间 1997年

成果简介 该项目属植物保护的应用基础研究，研究摸清了云南山地橡胶白粉病的流行规律和特点，首次明确海拔高度对橡胶树物候期及病害严重程度的影响，基础菌量、冬温及橡胶树越冬落叶程度与病害严重度无明显关系，以及抽叶整齐度对病害严重度仅具潜在影响，而嫩叶期的日最高温度是病害流行的主导因素。病害的严重度主要取决于嫩叶期与天气的配合程度，嫩叶期的温度主要是通过病原菌影响病害流行速度而起主导作用。据此，提出以嫩叶期天气为主要指标的小区短期测报新方法，克服了传统测报方法中未考虑嫩叶期天气的主导作用而常出现的偏差。研究结果突破了对主导因素的传统认识和常规的测报方法，经多年多地实践应用，在提高防效、降低成本和控制病害水平达到最高产胶量等方面都取得良好效果。

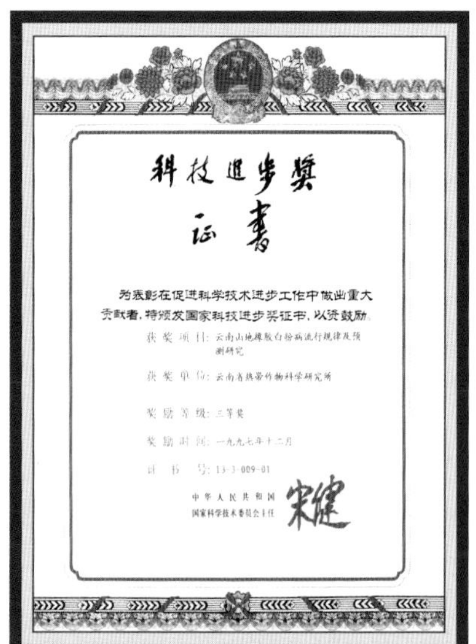

科技進步獎
証书

为表彰在促进科学技术进步工作中做出重大贡献者，特颁发国家科技进步奖证书，以资鼓励。

获奖项目：云南山地橡胶白粉病流行规律及预测研究

获奖单位：云南省热带作物科学研究所

奖励等级：三等奖

奖励时间：一九九七年十二月

证书号：13-3-009-01

中华人民共和国
国家科学技术委员会主任 宋健

橡胶种子油的综合利用研究

主要完成单位 云南省热带作物科学研究所综合利用研究组*

主要完成人员 集体

授奖级别 全国科学大会奖

（1978年获云南省科学技术成果奖）

授奖时间 1978年

成果简介 橡胶种子油是橡胶树的副产品，国外研究多限于在工业上的用途。20世纪50年代末，华南热带作物研究所曾对该油食用作过初步研究。近年来，项目组在此基础上进一步研究了橡胶种子油的精炼技术及精炼油的食用价值。结果表明，精炼的橡胶种子油可以作为食用油，并有防治高脂血症的效果。

精炼技术：榨出的毛油用一定浓度、一定量的氢氧化钠中和油内游离脂肪酸，生成钠盐下沉，得上部的清油经热水洗涤数次，加温脱水，过滤即得精油。碱炼：以10%～15%NaOH（用量按毛油酸值计）温度55～60℃，油温度50～55℃，油边搅拌边喷入碱液，加碱完毕继续搅拌至油、皂分离。洗涤：油温95℃，每次以占油量10%～20%沸水反复喷洗数次，达到洗去油内的残留肥皂。脱水、过滤：油温控制在120～130℃，持续加温至油内水分脱净，最后经过滤得精油。

成分分析：精炼油含饱和脂肪酸17.2%，不饱和脂肪酸82.8%，其中亚油酸占36.1%，亚麻油酸20.4%。其他成分含量：不皂化物1.28%～1.61%，橡胶0.2%～0.23%，磷脂0.25%，氰化物0.1 mg/L（安全允许范围内），黄曲霉毒素<1 μg/L（安全允许范围内），强心苷痕

* 注：主要协作单位为昆明医学院、昆明医学院第一附属医院、中国医学科学院北京劳动卫生研究所、昆明动物研究所。

迹，重金属砷0.4 mg/L，铅、汞和有毒生物碱未检出。

食用动物试验：用大、小白鼠383只。试验结果表明，橡胶种子油营养价值相当于大豆油和花生油，长期食用精炼橡胶种子油对试验动物的生长、发育、繁殖、肝功能、血清蛋白、血钙等均无不良影响。形态学解剖检查，肝、肾、心、肺、主动脉、胃、大小肠、肠系膜的淋巴结组织及部分生殖泌尿系统、脑组织等均未发现有特殊病变。对细胞遗传学观察结果，无潜在遗传学危害的表现。

动物排胶试验：精炼油内含有0.2%～0.23%的橡胶，经动物实验证明，食用后其橡胶可随粪便排出体外，动物粪便中纯胶回收率达96.15%。

奖状

0011915

为表扬在我国科学技术工作中作出重大贡献者，特颁发此奖状，以资鼓励。

受　奖　者：云南省热带作物科学研究所综合利用研究组
合作完成的成果：橡胶种子油的综合利用研究

全国科学大会
一九七八年

人群普查：对长期食用橡胶种子油五年以上和未吃橡胶种子油工种类似的人群共1 041人，进行高脂血症防效和健康状况普查，结果表明，长期食用橡胶种子油对身体未显示有害的影响，且高脂血症患病率显著下降。

抗寒植胶技术的推广

主要完成单位 云南省农垦总局热作处、科技处、设计院，云南省热带作物科学研究所，西双版纳州、德宏州、红河州、文山州、思茅地区农垦分局及各植胶农场

主要完成人员 集体

授奖级别 农业科学技术推广奖

授奖时间 1982年

成果简介 云南垦区地处热带北缘，海拔较高，冬季热量不足，常使胶树遭受不同程度寒害。通过历次寒害调查，特别是1973—1974年、1975—1976年冬的寒害调查和多年试验研究，总结出在云南垦区抗寒植胶的综合技术措施：正确选地进行小区区划是基础，按小区配置对口品系是关键，因地制宜采取有效的抗寒栽培措施是保证，并制订了实施细则。1977年以来，在全省6个植胶区推广应用，取得了明显的效果。

1. 技术推广情况

小区区划：在16个农场完成57.6万余亩，一类小区占40.8%，二类占35.5%，三类占23.7%。

按小区配置对口品系：1977—1980年共定植橡胶32.9万亩，品系使用：‘PB86’从1976年前的28.1%减为0.35%，‘PR107’从12.7%减为4.3%，‘RRIM600’从30.3%增至35.8%，‘GT1’从11.7%增至39.4%，其他占20.15%，大大改变了品系构成。

推广种植优良无性系实生树2.7万亩，73万株。

建立抗寒种子园3 911亩。

普遍扩大了种植行距，由原7 ~ 8 m扩大到10 ~ 12 m。

2. 经济效益

采用上述措施后，五年来基本没有受到寒害。1976年以前的寒害损失率约为25%，1979年以后新定植的胶林保存率达到95%左右。

在三类小区扩大植胶2.7万亩。今后利用三类小区植胶资源可达50万亩。

奖状

为表扬在农业科学技术推广工作中作出显著成绩者，特授予奖状，以资鼓励。

受奖者：云南省热带作物研究所

技术推广项目：抗寒植胶技术的推广

中华人民共和国国家农业委员会

中华人民共和国国家科学技术委员会

一九八二年三月

热带基诺山区科技开发研究

主要完成单位　西双版纳州科学技术委员会、中国医学科学院药用植物研究所云南分所、云南省热带作物科学研究所、中国科学院云南热带植物研究所、云南省农业科学院茶叶科研所

主要完成人员　集体

授奖级别　国家星火奖科技奖四等奖

（1988年获云南省星火科技奖二等奖）

授奖时间　1989年

成果简介　西双版纳州95%是山区，自然资源丰富，为将自然资源优势变成经济优势，西双版纳州科学技术委员会选择基诺山区为试点，1986年列为云南省科委山区科技开发试点之一，项目列入国家1986年星火计划，技术依托单位是中国医学科学院药用植物研究所云南分所、云南省热带作物科学研究所、中国科学院云南热带植物研究所和云南省农业科学院茶叶研究所。采取综合科技开发的办法，通过对625.7 km^{2}的土地从海拔800～1 400 m进行规划和小区区划，同时开展名贵南药——砂仁的丰产栽培示范，使年平均亩产达35 kg以上，种植面积由4 000亩发展到1.19万亩，大面积平均亩产7.2 kg，超过全国5 kg左右的水平；橡胶抗寒品系种植推移到海拔1 000 m，打破了只能在800 m以下种植的说法，推广面积达1.37万亩；胶茶群落和密集高产茶园已发展到2 000多亩；水稻、旱谷推广了以化学除草、合理使用化肥、推广良种为主的综合农业技术，效果明显，使单产增加。通过综合科技开发，基诺山区形成了以砂仁为主的砂仁、橡胶、茶叶三大骨干产业，使其成为全省最大、最早的科技开发示范点，现已扩大到州内10个纯山区。科技开发促进了山区各项工作的开展，经6年的努力，使山区的经济面貌大为改

观，取得很好效益，对边远山区的科技开发起到积极的示范作用。

国家星火奖
GUOJIA XINGHUO JIANG

为鼓励在实施“星火计划”，促进中小企业、乡镇企业和广大农村科学技术进步、振兴地方经济中做出重要贡献的单位或集体，特颁发此证书，以资表彰。

证书号：89-4-15-3

证书

奖励类别：肆等奖

项目名称：热带基诺山区科技开发研究

获奖单位：云南省热带作物科学研究所

奖励日期：一九八九年十月十七日

国家星火奖评审委员会

获省（部）级奖励项目

- 一　等　奖：5项
- 二　等　奖：22项
- 三　等　奖：27项
- 四　等　奖：1项
- 科学技术成果奖：7项
- 技术开发优秀成果奖：1项
- 星火科技奖：1项

橡胶树高产综合技术

主要完成单位 西双版纳州农垦分局生产科、东风农场、景洪农场、橄榄坝农场、勐捧农场、云南省热带作物科学研究所、云南省农垦总局生产技术处及科技处、农牧渔业部农垦局热作处

主要完成人员 张佐周、陈伟隆、张兆基、方允镇、李植楠、廖秀桂、严世孝、何语立等

授奖级别 农牧渔业部农牧渔业丰收奖一等奖

授奖时间 1988年

成果简介 本项目在西双版纳农垦分局所属的东风、景洪、橄榄坝和勐捧等4个农场、10个分场、29个生产队推广总面积1 400.3 hm^2。

完成“三保一护”水土保持工程1 386.96 hm^2，改善了生态条件，保证了橡胶树稳产、高产；安装防雨帽322 637个，减轻了割面条溃疡病害，增加了雨日割次，提高了橡胶产量；开展矿物营养诊断指导施肥，测定土壤和胶树的营养状况，制定施肥方案；全面执行部颁割胶生产10项技术经济指标，运用“三看”割胶和产胶动态分析指导生产；挖水肥沟，增施肥料，保证胶树有充足的养分，为高产稳产打下基础，增施有机肥9 608.82 t、化肥212.157 t；加强割胶工技术培训，提高割胶技术水平，各项技术指标均有提高；改革割胶制度，根据不同自然环境条件，不同品系的树龄，采用不同割制；施用螯合稀土钼复方剂促进增产；开展白粉病测报和防治工作，全面贯彻割面条溃疡病综合防治措施，取得良好防病效果。

通过推广以上技术措施，橡胶平均产量由1 185 kg/hm^{2}提高到1 755 kg/hm^2，产干胶798.17 t，新增产值485.28万元，经济效益显著。

橡胶树国外优良无性系的引种试验与应用

主要完成单位 中国热带农业科学院、海南省农垦总局、云南省农垦总局、广东省农垦总局

主要完成人员 刘松泉、徐广泽、郑学勤、邓鸣科、潘华荪、吴云通、姜天民、周钟毓、何世强、杨少斧、曾宪松、区晋汉、张世杰、庞廷祥、杨立青等

授奖级别 农业部科学技术进步奖一等奖

授奖时间 1998年

成果简介 橡胶树选育种周期长，我国植胶业起步晚，但发展快，引进良种经适应性试验择优推广，使我国植胶业良种化提前了约30年。

40年来，从马来西亚和印度尼西亚等国引进橡胶无性系共208个，经适应性等一系列试验筛选，选出高产无性系‘RRIM600’抗风高产的‘PR107’高产抗风的‘PB260’‘RRIC100’抗寒高产的‘GT1’‘IAN873’等，在海南、云南和广东3省农垦系统共种植484.8万亩，开割373.8万亩，仅1981—1995年累计增产干胶193.50万t，增加产值151.65亿元，获利44.83亿元，上缴税金8.49亿元，税利共53.32亿元，为1952—1995年种植国外优良品种国家总投资38.92亿元的137%，经济效益非常显著。

在推广过程中，采用修枝整型和选配“三合树”（如‘93-114’/‘GT1’组合等）技术，改造国外无性系，可使其扬长避短，充分发挥抗性和高产特性。利用我国特有的生态环境条件，鉴定出某些无性系的抗寒或抗风的新特性，例如‘GT1’和‘IAN873’无性系具有较强的耐寒性，而‘PR107’则具有较强的抗风能力。根据我国选育目标，选用国外优良亲本，杂交培育我国新一代无性系，成绩非常显著，至

“八五”末，选育出属于我国自育、亲本来源清楚的29个推广级无性系中，国外无性系亲本参与值达87.9%。结合国外橡胶树优良无性系试验推广而研究解决的耐寒性早期预测、无性系形态鉴定等技术，在以后橡胶树选育种中将继续发挥作用。

腐植酸类物质改良红壤的研究

主要完成单位 云南省热带作物科学研究所土壤农化研究室

主要完成人员 集体

授奖级别 云南省科研成果推广奖一等奖

（1982年获云南省农业厅、云南省农业科学院、云南省化工厅腐植酸微肥办公室科技成果推广奖一等奖）

授奖时间 1982年

成果简介 本项研究分如下处理：对照（不施肥）；施草煤粉（1 000 kg/亩）；施腐植酸钙（1 100 kg/亩）+NPK*；施石灰（100 kg/亩）+NPK；施NPK。3次重复，连续进行3年。主要结果如下。

施用腐植酸钙、草煤粉等腐植酸类物质均有改土效果，其中，腐植酸钙+NPK的处理效果尤为显著，优于单施草煤粉、石灰和NPK化肥。连续3年施用，土壤pH值提高0.45，有机质由1.44%提高到2.16%，腐殖质组成胡敏酸与富里酸的比值亦由0.79增加到1.18，全氮由0.07%提高到0.11%，速效钾由110 mg/kg提高到171 mg/kg，速效磷也有提高。土壤容重降低0.9 g/cm^3，>0.25 mm水稳性团聚体总数增加9.3%，有效水分含量提高10%～15%。土壤的物理及化学性状均得到了较大的改善。

由于土壤肥力明显提高，3年播种玉米增产效果也较其他处理显著，第1年和第2年亩产均达320 kg左右，分别比对照增产38.8%和65.5%；第3年因干旱影响，亩产仍达195 kg，比对照高54.8%。

在当前有机肥不足的情况下，应用腐植酸类物质，特别是腐植酸钙配合化肥施用，改良热带地区的瘦瘠红壤，可取得显著的经济效益。

注：NPK量为碳酸氢铵35 kg/亩、普钙35 kg/亩、氯化钾10 kg/亩。

一等奖

橡胶树在热带北缘云南高海拔植区大面积高产综合技术

主要完成单位 云南省农垦总局

主要完成人员 橡胶树在热带北缘云南高海拔植区大面积高产综合技术课题组

授奖级别 云南省科学技术进步奖一等奖

授奖时间 1995年

成果简介 该项综合技术是针对橡胶树在纬度偏北，海拔较高，地形、小气候环境十分复杂的云南山地，或个别地区冬季温度偏低等特殊的植胶环境条件种植，通过近40年研究而创造的包括山地胶园开垦建设、抗寒高产良种选育、植胶环境类型区划、抗寒栽培、防病、割胶等一整套技术。技术经全面推广应用，既能充分发挥云南植胶环境中的有利因素，又可避免或减轻低温寒害、病害等不利因素的影响，使云南在世界非传统植胶区N 21°9′～25°、海拔100～1 000 m的山地种植获得大面积高产。1994年，全省农垦割胶面积90.44万亩，总产干胶9.35万t，平均亩产103.37 kg，亩产量居全国之冠，达到世界先进水平。该综合技术中的多项技术——山地小气候研究，山地胶园开恳十大工序，优良品种选育，宽行密株种植形式，植胶类型小区区划，环境、品种、措施“三对口”植胶技术，防治条溃疡病农药瑞毒霉缓释剂的研制应用，云南山地橡胶树白粉病综合治理，云南橡胶树产排胶规律研究及相适应的割胶技术与割胶制度等在国内外均具有创新性，首创了在世界非传统植胶区纬度偏北，海拔偏高的山地大面积植胶高产的经验。应用于生产已取得了重大的经济效益，仅1981—1994年即累计生产干胶69万t、销售收入48.37亿元，为国家投资总额的143.8%，形成胶林固定资产净值5.33亿元，建成加工、能源、道路等配套基础设施，可连续多年产生效益。该项综合技术的推广应用已使云南成功建成为我国天然橡胶高产稳产基地。

奖状

云南省农垦局

你单位完成的橡胶树在热带北缘云南高海拔植区大面积高产综合技术项目，荣获云南省一九九五年度科学技术进步一等奖，特颁发此奖状，以资鼓励。

获奖单位：云南省农垦局

获奖人员：橡胶树在热带北缘云南高海拔植区大面积高产综合技术[illegible]

云南省人民政府

一九九五年十一月

一等奖

辣木产业关键技术创新与应用

主要完成单位 云南农业大学、云南省热带作物科学研究所、云南省林业科学院、中国林业科学研究院资源昆虫研究所、红河谷辣木产业有限公司、云南天佑科技开发有限公司

主要完成人员 盛军、田洋、赵一鹤、杨焱、马李一、李海泉、张祖兵、龙继明、李沁、张重权、熊丽娟

授奖级别 云南省科学技术进步奖一等奖

授奖时间 2019年

成果简介 辣木是一种具有重大经济价值的多功能药食同源植物，云南是辣木种植的最佳适生区，针对辣木产业中存在的良种匮乏、栽培技术不足、精深加工技术落后、健康功效科学依据缺乏等技术问题，依托国家科技支撑等22个课题，历时16年创新研究，取得了辣木良种、规范化栽培、健康功效和产品精深加工方面的重大突破。

辣木基因组研究和良种选育取得重大突破：针对云南特殊区域对辣木栽培良种的迫切需求，从2002年起，率先收集并建立了包括13个种356份资源的世界最大、品种最多的种质资源圃和基因库，完成了全球首个辣木基因组精细图谱绘制工作，破译了辣木的31 600万对碱基排序，发现了可能与辣木的抗逆、高蛋白、快速生长等性状相关的基因，在此基础上选育出适合云南特殊区域推广种植的辣木良种1个，解决了云南高原山地种植急需的优良品种，有力推动了辣木良种的推广应用，显著提高了经济收益。

构建辣木高效规范化栽培技术体系：系统研究了辣木生物学特性，首次明确了营养需求规律、病虫害种类及发生规律，制订并发布辣木生产技术规程，明确了辣木适生区域的规范化栽培管理技术要求，摸清病

虫害种类、分布和天敌资源，形成主要病虫害生物防控技术，全省辣木种植基本实现规范化栽培，鲜叶产量提高50%以上，种籽产量提高40%以上，每亩综合效益提高20%以上，1 000亩种植基地获得了有机产品认证，对云南省辣木提质增效起到重要支撑作用。

系统揭示了辣木功能活性因子及健康功效：针对辣木健康功效不清楚等问题，系统研究了辣木功能活性因子及健康功效，阐释了辣木对动物机体肝脏代谢的调控机制，发现辣木调节机体过氧化物酶体、类固醇生物合成等37条代谢通路；评估了适量的辣木水提物灌胃对机体肠道微生态的影响，阐明了小鼠肠道微生物群变化与补充辣木饮食的代谢适应性关系；揭示了辣木中槲皮素、白杨素-7-葡萄糖苷和异槲皮素通过AMPK信号通路协同抑制机体脂肪合成、促进脂肪分解从而抑制脂质积累的分子机制；首次从辣木中分离出具有增强DPPH自由基清除率及ABTS、FRAP的总抗氧化能力的均一纯多糖MOP-1，为辣木健康功效研究提供科学数据支撑。

创新了辣木精深加工关键技术：针对云南省辣木精深加工关键技术的迫切需求，以微生物发酵为核心，研制出高通量菌种筛选和驯化、数控化微生物梯度发酵、中空纤维素膜高效富集、活性成分修饰和稳定化等新工艺和新技术，开发出辣木睡眠酵素、天然叶酸、天然有机钙等24个产品以及3个环保生态型辣木净水剂和日化产品，建立了7条生产线。辣木叶获得了卫生部的新资源食品行政许可，解决了市场准入问题。

本项目获国家专利授权25项（发明专利6项）；共选育良种1个；制订并发布行业标准3项、地方标准2项、企业标准4项；出版专著3部；发表论文66篇，其中SCI期刊论文6篇。在云南、广东、广西、海南等8个省（区）累计推广辣木种植12万亩，并在古巴、缅甸、柬埔寨、斯里兰卡等国推广种植13.8万亩，经济、社会和生态效益显著。

一等奖

云南省科学技术奖励

证 书

为表彰云南省科学技术奖获得者，特颁发此证书。

奖励类别：科学技术进步奖

项目名称：辣木产业关键技术创新与应用

奖励等级：一等

获奖单位：云南省热带作物科学研究所

2020年06月30日

证书号：2019AC013-D-002

云研1号有性系

主要完成单位 云南省热带作物科学研究所

主要完成人员 集体

授奖级别 农垦部科学技术成果奖二等奖

（1980年获云南省科研成果奖三等奖）

授奖时间 1982年

成果简介 ‘云研1号’有性系是1966年以无性系‘GT1’和‘PR107’杂交的有性后代。在1973/1974、1975/1976年冬两次特大低温中，因抗寒表现突出而被选出。现生产上已种植2万余亩。

抗寒性：1973/1974年冬，勐养农场苗圃4个月生苗，在持续辐射降温13 d、≤5℃累计161 h、极端低温1.4℃情况下，寒害平均级别较其他品系幼苗轻0.9级；在1.9℃低温下，5龄半幼树基本无寒害。1975/1976年冬，在思茅前哨苗圃，极端低温-0.9℃、≤5℃天数45 d、霜日10 d、结冰4 d，幼苗寒害在30个参试品系中最轻，平均寒害级别2.1级，越冬后保苗率85.7%，对照品系天数31～45 d为2.96级，保苗率仅1.3%；同年冬，勐养农场八队重寒害区的半阴坡凝霜，2年生幼树为0.5级，保苗率100%，对照品系‘GT1’为1.53级，保苗率93.3%。1979年冬，在勐海前哨点，极端低温-1.9℃、<5℃天数16 d、<0.5℃天数5 d，低温期内连续17 d晨间观测点均见重霜，静水结冰，幼苗在23个参试品系中寒害最轻，平均级别1.71级，对照品系‘GT1’寒害2.76级。

产量：云南省热带作物科学研究所第1～6割年（59～135株）平均单株年产干胶3.1 kg，第8割年达5.1 kg。勐养农场八队试割，每割次产干胶14 g。

生长：在相同条件下比无性系‘GT1’长势好，生长快，茎围大

12.1%，原生皮厚度大8.8%。

由于‘云研1号’有性系对辐射低温有较好的抗性，产量中等，速生，可推荐在云南西部植胶区中寒害区的半阴坡、阴坡，重寒区的半阳坡种植。

第0181号

云南热作所在

云研1号有性系

课题中取得显著成绩，特

授予科技成果二等奖，奖

金　　元，以资奖励。

中华人民共和国农垦部

一九八二年 三 月二十日

诱导橡胶树幼龄芽接树矮化和提早开花的研究

主要完成单位 云南省热带作物科学研究所

主要完成人员 集体

授奖级别 农垦部科技成果奖二等奖

（1978年获云南省科学技术成果奖二等奖）

授奖时间 1982年

成果简介 橡胶树是高大乔木，开花树龄因品种和立地环境而异，一般要4～5龄才开始开花，此时树高已达7～8 m。诱导幼龄芽接树矮化并提早开花可方便人工授粉，提早使用有价值的无性系作杂交亲本，对加速橡胶树育种进程和节省授粉费用均很有价值。一些植胶国家亦开展这方面的研究，尤其是诱导早花的研究，例如用光周期、弯茎、冠接、环状剥皮和施用化学药剂诱导等，但均未应用于实际的橡胶杂交育种工作。本项目在国外研究的基础上，通过1975—1980年连续5年对1～1.5龄的34个无性系作不同诱导方法处理，取得了良好效果。

用人工连续摘顶方法，控制高生长，能诱导苗期芽接树矮化。1975年建立的A授粉园，5龄植株，一般高3 m，而冠幅在5 m以上，人工授粉极为方便。

用全螺旋状剥皮结合树冠叶面喷施1 000 mg/L香豆素的方法，能诱导多数1～2.5龄无性系开花，开花株达60%～100%，花期一致，花量多，能正常授粉稔实。例如5株1.5龄的‘RRIM722’授粉1 028朵花，采果17个；5株2.5龄的‘桂研66-2’授粉1 231朵花，采果82个，杂交种子发芽正常，处理植株未出现梢枯、枝枯或风断。全螺旋状剥皮或喷香豆素单项处理的，也能开花，但效果不及两项并用的。

诱导矮化和提早开花已用于实际杂交育种。1975年，建立的A授粉园（16个无性系，每个无性系3～5株）在1977—1980年平均每年每株授粉325朵花，平均采果率6%；1980年为第5龄，平均每株授粉471朵花。矮化和提早开花措施用于种子园，可提早3～4年提供有性系种子，勐满农场1976年建立‘GT1’×‘PR107’种子园，1977年作诱导早花处理，1978年即开花结果，1980年采种达700 kg以上。

第0154号

云南热作所在

诱导橡胶树幼合萌接树矮化和提早开花的研究

课题中取得显著成绩，特

授予科技成果二等奖，奖

金　　　元，以资奖励。

中华人民共和国农垦部

一九八二年 三 月二十日

橡胶树施用稀土的研究

主要完成单位 华南热作院橡胶所，福建农学院漳州分部，广东省国营西培农场、南平农场、胜利农场、红光农场、建设农场、金星农场，广西大伦农场，福建建设农场、和平农场，云南省热带作物科学研究所

主要完成人员 集体

授奖级别 农牧渔业部科学技术进步奖二等奖

授奖时间 1986年

成果简介 稀土施用于橡胶树在国内外是一次首创，对橡胶树的健康和生产、干胶质量无不良影响，增产效果显著，净增产幅度为4.1%～28.7%，经济效益显著，纯收益与投入比达10∶1以上，具有很大的实用价值。

在橡胶树割面上涂施或喷施稀土的技术，具有用量少、使用方便、易于掌握和推广的优点，是一项可行性技术。

将0.5%～2%浓度的稀土与乙烯利混合施用，比单一施用乙烯利有更明显的增产效应，而且还能克服乙烯利带来的干胶含量降低与死皮增加的弊病，起到高产稳产的作用，可在施用乙烯利的橡胶树上推广与乙烯利混合应用。

国产浅色标准橡胶的研制

主要完成单位 云南省热带作物科学研究所、东风农场、景洪农场

主要完成人员 林文光、林金振、何凤梧、郑文代、陶循臣

授奖级别 农业部科学技术进步奖二等奖

授奖时间 1988年

成果简介 本项目参照国外浅色胶种现代加工技术，结合我国橡胶加工的技术特点，设计国产浅色标准橡胶研制方案，以挑选具有优质、洁白胶乳的橡胶无性系品种和严格的工艺质量控制、精细的加工技术为主，辅以适量的还原剂防止酶致黑和色素漂白法相结合的技术路线。

根据研制方案，对采用常规凝固法和加速凝固法、电热干燥工艺生产浅色标准胶的工艺条件和质量控制方法进行一系列试验，以确定出工艺条件和技术经济指标。根据生产推荐方案试制浅色标准胶200 t，进行全面的基本性能鉴定和大量的制品应用试验。

经鉴定，浅色标准橡胶在国内属首次研制成功，填补了空白，为我国制胶工业增添了一个新胶种，其质量全面符合相应的国际标准（ISO 2000—1978），产品颜色指数达到了国外同类产品先进水平，并且完全适应彩色自行车外胎、血浆瓶塞、旅游鞋等高档白色、彩色橡胶制品和部分食用、医用橡胶制品的生产工艺要求，各种橡胶制成品全部符合相关标准。浅色标准橡胶的工艺条件及其技术规程是可行的、成功的。试验结果可靠，比较全面、系统。

按目前浅色标准橡胶需要量占标准胶总产量7%～8%计，全国年生产1.4×10^4 t浅色标准胶比生产普通5号标准胶可净增利润590万元以上。

奖状

为表彰在农业科学技术进步工作中作出显著成绩者，特授予部级科学技术进步奖贰等奖。

受奖项目：國产浅色标准橡胶的研制

受奖单位：云南省热带作物科学研究所

编号：880492

中华人民共和国农业部

一九八八年 九月 一 日

中龄橡胶芽接树割胶制度改革开发性试验

主要完成单位 广东农垦总局生产科技处、华南热作研究院橡胶所、云南省热带作物科学研究所、海南省农垦总局热作林业处

主要完成人员 李乐平、许闻献、敖硕昌、罗伯业

授奖级别 农业部科学技术进步奖二等奖

授奖时间 1990年

成果简介 由广东农垦总局牵头，与华南热作研究院橡胶研究所等10家单位共同承担国家经济贸易委员会批准农业部下达的国家重点开发项目“中龄橡胶芽接树割胶制度改革开发性试验”。根据云南垦区的具体情况，采用适合于本地区的刺激割胶新制度，3年试验结果，‘PR107’比常规割胶增产24.9%，‘PB86’增产23.3%，‘GT1’增产10.2%。刀次减少20.1%，耗皮减少20%，1988—1990年，云南农垦应用此成果推广484.6 hm^2，增加产值1 012.9万元，增加税金55.83万元。

奖状

为表彰在农业科学技术进步工作中作出显著成绩者，特授予部级科学技术进步奖二等奖。

受奖项目：中龄橡胶芽接树割胶制度改革开发性试验

受奖单位：云南省热带作物研究所

编号：　900613

中华人民共和国农业部

一九九〇年八月三十一日

橡胶树白粉病对橡胶产量损失的研究

主要完成单位　云南省热带作物科学研究所、云南省农垦总局生产技术处、勐撒农场

主要完成人员　邵志忠、杨雄飞、陈积贤、肖永清、李朝诚、周建军、黄林喜、俸树忠、王孟云、袁大秀、周明

授奖级别　农业部科学技术进步奖二等奖

授奖时间　1994年

成果简介　本项目以现代植物病害流行学理论及大数定律为指导，采用人为控制病情的方法，通过小区比较试验、生产性试验和验证，以无病或特轻病作参照，比较白粉病不同严重程度对胶树群体的产胶、产果以及割面死皮病和季风性落叶病的影响。结果表明，轻病（病情指数在25以下）对干胶产量无明显影响，中病（最终病情指数为26～50）不仅不减产，反而显著增产（7.4%），重病及特重病（病指分别为51～80及80以上），才会显著减产（减产率分别为9.7%和8%）的规律；还提出了中等病情不仅干胶产量有所增加，还导致胶果大量减少，达到控制季风性落叶病的明显效果。试验结果同时表明，胶树感染白粉病严重落叶后，只要保护好第二蓬叶和控制翌年中病以下，即使继续割胶，对死皮病和翌年干胶产量无明显影响，因此不必采取休割措施。从而得出中等病情是经济上允许的病害水平，又是最经济合理的防治标准。这一结论作为以春花为主花期的植胶区的防治标准实施后，可较国内现行的将病防至轻病以下的标准增加干胶7.4%，节约防治费用30%～50%，并还可以减少因重病休割造成的干胶损失（23%）。1988—1993年在西双版纳、临沧及红河植胶区的7个农场累

计应用面积15 000 hm^2，较国内将病防至轻病以下的现行防治标准新增产值596.54万元，新增利税524.36万元，节省防治费用39.16万元，增收581.52万元。

奖状

为表彰在农业科学技术进步工作中作出显著成绩者，特授予部级科学技术进步奖二等奖。

受奖项目：橡胶树白粉病对橡胶产量损失的研究

受奖单位：云南省热带作物科学研究所

编号：94515

中华人民共和国农业部

一九八四年[illegible]月十二日

华南五省区热带作物病虫害名录

主要完成单位 中国热带作物学会植保专业委员会

主要完成人员 张开明、罗永明、黄文成、陈积贤、李挺盛、罗立安、范会雄、林寿峰、李德威、肖永清、韦祖桂、卢文标、郑福树

授奖级别 农业部科学技术进步奖二等奖

授奖时间 1996年

成果简介 本名录记述了华南5省（区）目前种植的各种热带作物上发生的病虫种类、分布及为害情况。名录分病害和虫害（含有害动物）两部分。在67种作物上共查出病害823种，其中，橡胶树病害91种，椰子树病害12种，油棕病害11种，剑麻病害48种，胡椒病害31种，香草兰病害20种，咖啡病害31种，其他热带果树、南药、甘蔗、热带花卉、热带林木等579种；共查出害虫及有害动物954种，其中，橡胶树害虫182种，椰子树害虫33种，油棕害虫30种，咖啡害虫74种，其他作物上的害虫635种。本名录基本反映了除台湾省外我国热带作物的病虫概貌，是目前唯一较完整的热带作物病虫名录，对指导我国热区的农业生产和科研、开展对内对外植物检疫、充实热作植保教学内容等都具有十分重要的意义。

橡胶树精准化施肥技术研究与应用

主要完成单位 中国热带农业科学院橡胶研究所、海南省农垦科学院、海南天然橡胶产业集团股份有限公司、云南农垦集团有限责任公司、云南省热带作物科学研究所

主要完成人员 罗微、刘志崴、茶正早、李智全、林清火、陈勇、王文斌、陈叶海、陈秋波、李春丽、李强有、唐群锋、何鹏、张培松、华元刚、林钊沐、吴小平、黄建南、林明武、文德良

授奖级别 中华农业科技奖二等奖

授奖时间 2011年

成果简介 该成果首次将3S等信息技术与橡胶树常规施肥技术相结合，建立了具有自主知识产权的橡胶树精准施肥数据库管理系统、决策支持系统和网络发布系统，实现了橡胶树施肥的精准化、智能化和网络化；掌握了中小尺度胶园土壤养分空间变异特征和不同土壤类型、不同品种胶树、不同水分条件下胶树肥料效应等规律；构建了具有空间差异性的随土壤类型、气候区域和生态条件变化的动态施肥模型，填补了橡胶树变量决策施肥理论研究方面的空白。

针对我国橡胶生产经营管理现状，建立具有我国特色的热带精准农业模式，构建适合我国多种经营模式并存的精准施肥技术体系，极大地提高了橡胶树施肥的精准化样度，构建高效实用的橡胶树施肥科学管理长效机制，并已达到同类研究国际领先水平。2004年起分别在海南、云南、广东不同生态类型植胶区的国有、地方农场及农户胶园进行示范应用，累计应用面积达18.1万hm^2，增产干胶1.07万t，橡胶树产量平均提高3%～8%，新增产值2.14亿元，增收节支1.7亿元，经济效益显著。

中华农业科技奖
证　书

为表彰在我国农业科学技术进步工作中做出突出贡献的获奖者，特颁发此证书，以资鼓励。

项目名称：橡胶树精准化施肥技术研究与应用

奖励等级：二等奖

获 奖 者：云南省热带作物科学研究所（第5完成单位）

证书编号：KJ2011-D2-025-05

二〇一一年十月九日

诱导幼龄胶树矮化和提早开花的研究

主要完成单位 云南省热带作物科学研究所育种室

主要完成人员 集体

授奖级别 云南省科学技术成果奖二等奖

授奖时间 1978年

成果简介 橡胶树是高大乔木，开花树龄因品种和立地环境而异，一般4～5龄开始开花，此时树高已达7～8 m。诱导幼龄芽接树矮化并提早开花，可方便人工授粉，提早使用有价值的无性系作杂交亲本，对加速橡胶树育种进程和节省授粉费用均很有价值。一些植胶国家亦开展此方面的研究，尤其是诱导早花的研究，例如用光周期、弯茎、冠接、环状剥皮和施用化学药剂诱导等，但均未应用于实际的橡胶杂交育种工作。本项目在国外研究的基础上，通过1975—1978年对1～2.5龄的18个无性系作不同诱导方法处理，取得了良好效果。

用人工连续摘顶方法，控制生长，诱导苗期芽接树矮化。1975年，建立的授粉园，3.5龄植株一般高2.5 m，而冠幅在5 m以上，人工授粉极为方便。

用全螺旋状剥皮结合树冠叶面喷施1 000 mg/L香豆素的方法，能诱导多数1～2.5龄无性系开花，开花株达80%～100%，花期一致，花量多，能正常授粉稔实。例如5株2.5龄的‘桂研66-2’授粉1 231朵花，采果82个；160株1龄‘GT1’，采果969个，杂交种子发芽正常，处理植株未出现梢枯、枝枯或风断。全螺旋状剥皮或喷香豆素单项处理的也能开花，但效果不及两项并用的。

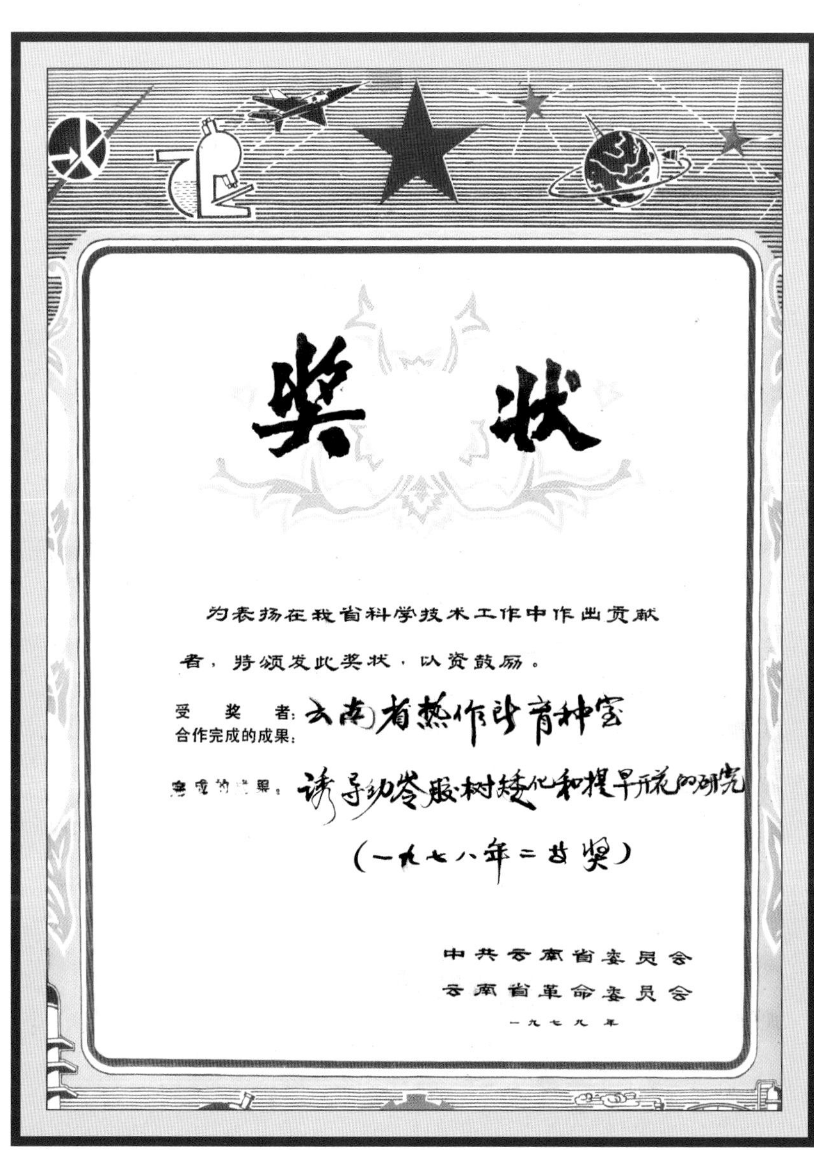

奖状

为表扬在我省科学技术工作中作出贡献者，特颁发此奖状，以资鼓励。

受　奖　者：云南省热作所育种室

合作完成的成果：

完成的成果：诱导幼龄胶树矮化和提早开花的研究

（一九七八年二等奖）

中共云南省委员会

云南省革命委员会

一九七九年

腐铵和腐铵磷对橡胶树的肥效试验

主要完成单位 云南省热带作物科学研究所土壤农化研究室

主要完成人员 集体

授奖级别 云南省科学技术成果奖二等奖

授奖时间 1978年

成果简介 根据云南全省腐肥协作试验网的安排，1976年以来，以生产和使用最广泛的腐铵和腐铵磷两种腐肥分别对割胶树和塑料袋幼苗进行肥效试验，割胶树采用沟施。连续3年结果如下。

腐铵磷能明显促进胶树生长。割胶树每株年施草煤粉：碳酸氨铵：普钙为100：5：20配制的腐铵磷10 kg，三年茎围增长量比对照高33.7%，比仅施碳酸氨铵、普钙的高6.3%。每袋混施1 kg腐铵磷的塑料袋幼苗，至第2年年底胶苗茎粗比对照大23.8%，比施等量氮磷化肥的大11.9%，第3年定植大田后仍有后效。腐铵对割胶树和塑料袋幼苗的生长均无明显效果。

腐铵磷有明显的增产效果。割胶树施用腐铵磷，3年平均比对照增产干胶24.4%，比只施氮磷化肥增产16.7%，肥效稳定。施用腐铵增产效果不大，3年平均比对照增产4.3%，比施碳酸氨铵的仅增产2.7%，且肥效逐年下降，至第3年基本接近对照。

施用腐铵磷后，土壤有机质和全氮含量明显增高，速效磷含量提高尤为显著，从对照的0.9 mg/kg提高到483.7 mg/kg，亦比施氮磷化肥的高40 mg/kg；胶树吸收根比对照高1.2倍，比施氮磷化肥高0.8倍；施用腐铵，也明显提高了土壤有机质和全氮含量，促进了根系生长。

由此认为，对滇南热带地区缺磷的植胶土壤，特别是有机质含量低的土壤，施用腐肥最好选用腐铵磷，或腐铵配合磷肥施用。

恒河猴动脉粥样硬化形成和消退的实验研究

主要完成单位 昆明医学院心血管病基础理论研究组、云南省热带作物科学研究所

主要完成人员 刘超然、陈国珍、李运珊、陈隆顺、唐朝才、周淑云、张志雄

授奖级别 云南省科学技术进步奖二等奖

授奖时间 1984年

成果简介 绝大多数成年人均患动脉粥样硬化（Atherosclerosis，As），其发展可加速衰老甚至死亡，As病变能否消退，直接在人体进行研究困难较多。20世纪60年代中期，猴As模型建成逐步获得成功。1970年，Armstrong等首次在猴上证实As病变可以消退。国内1965年首次成功地建成恒河猴As病模型，但未进行消退研究。1982年，本项目改进造型方法，在恒河猴上造成进展性As病变模型进行消退研究，取得了一些支持As病变能够消退的肯定证据，具体作法为：用19只成年恒河猴经高脂、高胆固醇饮食饲养1年，成功地造成了恒河猴As病变模型。造型结束随机抽杀4只作为对照，其余15只分别用低脂饮食和低脂饮食加橡胶种子油进行消退研究。从主动脉及肝、肾组织中脂质含量、主动脉内膜病变范围的病变厚度、冠状动脉病变分步频率和病变严重度以及主动脉根部电镜观察等指标检测证实已经发生的As病变发生了肯定的消退，经病理解剖，证实主动脉病变面积平均达82.6%，冠状动脉病变发生率达86%。研究表明，橡胶种子油在一定程度上可能具有促进病变消退的作用。

云南省蛋白质饲料资源开发利用研究

主要完成单位　云南农业大学、云南省畜牧局、云南省粮油科学研究所、云南省热带作物科学研究所、云南省劳改局农科所、云南省科技情报研究所

主要完成人员　刘天余、杨瑞瑜、汤汝松、曾养志、成绍先、卢昭芬、戴志明

授奖级别　云南省科学技术进步奖二等奖

授奖时间　1992年

成果简介　“云南省蛋白质饲料资源开发利用研究”是云南省“七五”期间9个重点攻关项目之一，由全省组织攻关，共由13个专项攻关项目组成，其中，菜籽饼和橡胶籽饼是该课题的重点攻关项目，菜籽饼的开发利用研究主要由云南农业大学承担，橡胶籽饼的开发利用研究主要由云南省热带作物科学研究所承担，旨在解决关系云南省大力发展畜牧业的关键饲料——蛋白质饲料资源的来源和解决途径。

该课题着重对两饼饲料资源进行了全面而系统的研究，首先查清了两饼饲料的资源，进行了营养成分测定、消化代谢试验、能量测定，猪鸡的饲养试验、屠宰试验、各项生理生化指标的测定、肉质分析、蛋品质的测定、繁殖性能的测定，橡胶籽还作了猪鸡的遗传毒理学测定。尤其是对两饼蛋白质饲料资源的含毒问题进行较深的研究，通过试验研究，基本查清了两饼饲料含毒的定性定量分析，解决了经济实用的、有效的去毒方法，为两饼饲料的饲喂安全性提供了科学依据。在此基础上筛选了两饼饲料在猪鸡日粮中的最佳配合比例，成为资源开发和饲料工业使用的资源，对解决云南省蛋白质饲料资源缺乏有较大作用。

奖状

云南省热带作物研究所：

你单位完成的云南省蛋白质饲料资源开发利用研究项目，荣获云南省一九九二年度科学技术进步二等奖，特颁发此奖状，以资鼓励。

获奖单位：云南农业大学　云南省畜牧局　云南省经[illegible]研所
云南省热带作物研究所　云南省劳改局农科所　云南省科技情报研究所

获奖人员：刘天余 杨瑞瑜 汤汝松 曾养志
成绍先 卢昭芬 戴志明

云南省人民政府
一九九二年十二月

云南橡胶宜林地寒害类型区划研究

主要完成单位 云南省农垦总局设计院、云南省热带作物科学研究所、红河州农垦分局、红河州热带作物研究所

主要完成人员 洪龙汉、罗荣恒、叶汉才、杨立青、王科、方天雄、曾延庆

授奖级别 云南省科学技术进步奖二等奖

（1989年获云南农垦科学技术进步奖二等奖）

授奖时间 1993年

成果简介 本项目通过对云南西部和东部宜胶山地冬季小气候观测证明，不同地形、地貌的光、热、水、风等气象要素再分配作用明显，在辐射低温为主的西部垦区，山丘温度分布特点与光热分布规律相结合，构成了阳坡和坡上、坡中部位为高温低湿、光照充足，胶树寒害轻；阴坡、坡下及凹地则反之，胶树寒害重。在平流低温为主的东部垦区，小气候特征是阴、湿、冷、风相结合，呈现阴冷寡照，其迎风坡、风口、丫口、坡上部位寒害严重。晴天辐射降时形成逆温、哀牢山脉以东地区逆温较弱；以西地区逆温强烈，逆温层厚度达300 ~ 500 m。在对山地小气候系统研究的基础上，根据山地复杂的植胶小环境，采用大、中、小环境区划相结合，以大区为前提，中区为基础，小区为重点的植胶环境类型区划。大区主要根据不同降温性质的危害规律进行区划，大致以哀牢山脉为界，分为以辐射低温为主的西部垦区和以平流低温为主的东部垦区。中区以地貌组合、低温状况及已植胶树寒害程度为主要指标，结合指示植物寒害特征进行区划，着重分析区内不同地貌结构与外围屏障、冷空气进出难易和沉积厚度划分为轻寒、中寒、重寒3种类型。小区主要以坡向、坡位、坡度及对寒风迎背为主，结合坡形地貌、

已植胶树寒害程度与小环境避寒优劣等因素划分为轻害、中害、重害3种类型小区。根据不同植胶环境类型小区提出了对口配置的品种和相适应的栽培措施。自20世纪70年代后期起在云南植胶区全面贯彻实施以来，胶园整体抗寒能力大大增强，平均寒害级别减轻二级左右，提高了胶树保存率和有效株率，经济效益显著。

奖状
云南省热带作物研究所：
你单位完成的云南橡胶宜林地寒害类型区划研究项目，荣获云南省一九九三年度科学技术进步二等奖，特颁发此奖状，以资鼓励。
获奖单位：云南省农垦总局设计院 云南省热带作物研究所
红河州农垦分局 红河州热带作物研究所
获奖人员：洪龙汉 罗荣恒 叶汉才 杨立青 王科

云南山地橡胶白粉病流行规律及预测研究

主要完成单位　云南省热带作物科学研究所、云南省农垦总局、国营勐撒农场、云南省景洪热作气象试验站

主要完成人员　邵志忠、周建军、陈积贤、李朝诚、蒙运澄、杨雄飞、肖永清

授奖级别　云南省科学技术进步奖二等奖

授奖时间　1996年

成果简介　该项目属植物保护的应用基础研究，研究摸清了云南山地橡胶白粉病的流行规律和特点，首次明确了海拔高度对橡胶树物候及病害严重程度的影响；基础菌量、冬温及胶树越冬落叶程度与病害严重度无明显关系；抽叶整齐度对病害严重度仅具潜在影响，嫩叶期的日最高温度是病害流行的主导因素，病害的严重度主要取决于嫩叶期与天气的配合程度，嫩叶期的温度主要是通过病原菌影响病害流行速度而起主导作用。据此，提出以嫩叶期天气为主要指标的小区短期测报新方法，克服了传统测报方法中未考虑嫩叶期天气的主导作用而常出现的偏差。研究结果突破了对主导因素的传统认识和常规的测报方法，经多年多地实践使用，在提高防效、降低成本和将病害控制在产胶量最高的病害水平方面都取得良好效果。

奖状
云南省农垦总局
你单位完成的云南山地橡胶白粉病流行规律及预测研究项目，荣获云南省一九九六年度科学技术进步二等奖，特颁发此奖状，以资鼓励。
获奖单位：云南省热带作物科学研究所 国营勐撒农场 云南省农垦总局
获奖人员：邵志忠 周建军 陈积贤 李朝诚 杨越飞 肖永清
云南省人民政府

橡胶树高产高效新割制技术

主要完成单位　云南农垦集团有限公司

主要完成人员　陈积贤、李传辉、瞿意明、陈克难、刘平东、杨庄、禹金虎、肖祖文、殷世铭、曾祥富、段世新、刘伟、王龙、张新华

授奖级别　云南省科学技术进步奖二等奖

授奖时间　2001年

成果简介　“橡胶树高产高效新割制技术”是科学利用乙烯利对橡胶树的刺激增产作用机理，根据云南植胶区的独特自然条件，通过总结和系统分析20多年来乙烯利刺激割胶的试验研究成果，消化吸收国内外的割制改革经验而设计出来的。其主要内容为：改原来的S/2D/2常规割制为S/2D/3+ET、S/2D/4+ET中老林割制和（S/2+S/4↑）D/3+ET、（S/2+S/4↑）D/4+ET老龄割制，按不同品种、不同割龄段施用不同浓度的乙烯利刺激剂。新割制技术全面执行低剂量、低频率、减刀、浅割、增肥和产胶动态分析指导割胶的技术路线，把防病、营养诊断施肥、安装防雨帽和戴头灯早割等列为配套技术一起在全垦区大面积推广应用，通过1998—2000年实施，取得了极其显著的成效。一是干胶增产，收入增加。3年累计增产干胶18 642 t，增加产值1.53亿元。二是实现了减员增效。与1997年比，胶工减少35.2%，人均负担面积和株数分别增加62.1%和63.5%，人均产胶2000年达到3.85 t，增幅66.7%；劳动生产率提高60%以上。干胶生产成本逐年降低，至2000年比1997年下降1 487元/t，降幅26.6%。3年累计增收节支5.96亿元，新增利税7 027万元，取得了巨大的经济效益。三是通过推行新割制还提高了胶工队伍素质，增加了胶工收入；节省了树皮，减轻了死皮病害，延长了胶树的经济寿命。同时，通过3年推行新割制的实践，制定了适合云南植胶区自

然环境、胶树产排胶特点和品种特性的《云南农垦橡胶树新割制技术规程》，为垦区今后实施新割制提供了技术保证，对推动云南全省（农垦和民营）天然橡胶产业的发展将产生重要的作用。

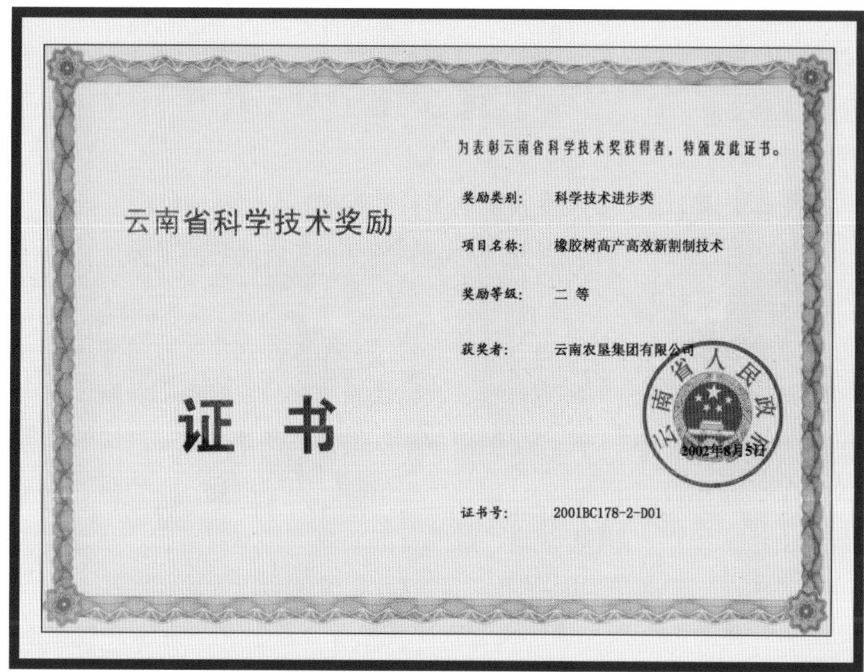

云南省科学技术奖励

证书

为表彰云南省科学技术奖获得者，特颁发此证书。

奖励类别：科学技术进步类

项目名称：橡胶树高产高效新割制技术

奖励等级：二等

获奖者：云南农垦集团有限公司

云南省人民政府

2002年8月5日

证书号：2001BC178-2-D01

澳洲坚果良种筛选及配套栽培技术试验示范

主要完成单位 云南省热带作物科学研究所、云南省德宏热带农业科学研究所、云南省耿马县国营孟定农场、云南省勐腊县国营勐捧农场、云南省沧源县生物资源开发创新办公室

主要完成人员 倪书邦、贺熙勇、陶丽、陈丽兰、陈国云、岳海、肖晓明、熊朝阳、刘世红、李加智

授奖级别 云南省科学技术进步奖二等奖

（2008年获西双版纳州科学技术进步奖一等奖）

授奖时间 2009年

成果简介 澳洲坚果是一种新兴果树，国外商业化种植的时间仅有60多年，中国商业化种植的时间更短，缺乏成熟的技术为产业发展作指导。针对云南澳洲坚果规模化种植急需解决的“种什么品种的问题”和“怎么种的问题”，云南省热带作物科学研究所（下称省热作所）在云南省科学技术厅资助下开展良种筛选及配套栽培技术的研究。经过10多年的努力，主要取得以下成绩。

在良种筛选方面，通过在云南澳洲坚果主要种植区建立品比试验点，从第一期15个澳洲坚果品种中筛选出适应云南热区种植的品种4个，即‘Own Choice’‘HAES900’‘广11’和‘Hinde’。其中，前3个品种于2007年通过云南省林木品种审定委员会认定，‘Own Choice’被农业部确定为2008年主导品种，4个品种10龄树的平均株产鲜壳果达10 kg以上，单位面积产量和品质接近澳大利亚水平，较好地解决了在云南澳洲坚果“种什么品种”的问题；针对云南热区气候类型多样，省热作所又开展了第二期35个品种的品比试验，初步掌握了这批品种的生物学习性，筛选出一批有潜力的品种，相信再过5 ~ 10年，又有一批品种

通过良种审（认）定，基本满足今后一段时间不同地区对品种的需求。

在丰产栽培技术方面，以树体管理、水肥管理、地面覆盖、保花保果、高接换种及病虫害防治技术等各项研究结果为基础，进行技术集成，形成了一套适合云南山地的澳洲坚果丰产栽培技术，该套技术的应用使果园（树龄10年以上）平均亩产达126.24 kg（最高达190.67 kg），比常规和粗放管理分别高出45.02%和104.37%，果实品质明显提高。

通过全面推广项目成果，2006—2009年销售良种种苗30多万株，实现销售收入200多万元，折合推广良种种植1.5万亩以上，项目研究范围内2006年推广丰产栽培技术面积约5 600亩（其中，省热作所澳洲坚果中试基地5 000亩），2006—2008年产澳洲坚果鲜壳果超过1 077 t，新增产值1 252万元以上，通过举办培训班和实地指导等方式推广丰产栽培技术约3万亩，到盛产期后，预计每年将为果农多增收1 400万元以上。总之，项目成果的推广，有力推进了云南澳洲坚果产业的发展，创造了较好的经济效益和社会效益。

云南省科学技术奖励

证书

为表彰云南省科学技术奖获得者，特颁发此证书。

奖励类别：科学技术进步奖

项目名称：澳洲坚果良种筛选及配套栽培技术试验示范

奖励等级：二等

获奖者：云南省热带作物科学研究所

云南省人民政府

2010年04月14日

证书号：2009AC068-2-D01

云南天然橡胶产业关键技术研究与集成示范

主要完成单位 云南省热带作物科学研究所、云南大学

主要完成人员 倪书邦、邹建云、李国华、和丽岗、田耀华、胡卓勇、李春丽、周明、王兴红

授奖级别 云南省科学技术进步奖二等奖

授奖时间 2016年

成果简介 本项目收集橡胶树特异种质61份，筛选出抗寒性较强的育种材料93份，创制了干胶产量为对照（‘RRIM600’）200%以上的基因型54个；通过杂交培育出‘云研75-1’等5个品种，茎围生长量比对照（‘RRIM600’）增长10%以上，干胶产量提高27%以上，抗寒性稍强于‘GT1’；通过引种试验，筛选出‘热垦523’和‘热垦525’两个胶木兼优品种，被农业部遴选为主导品种。

构建了云南山地胶园生态系统生态学综合评价指标体系，建立山地生态胶园种植模式试验基地1 000亩；研发出4个适合云南植胶区不同营养类型橡胶树专用肥配方；建立了云南山地胶园主要病虫害监测体系；筛选出14种防治橡胶树病虫害药剂，防治效果76%以上；研制出1个橡胶树死皮预防剂，4～5级新增死皮率控制在0.5%以下；创建了云南植胶区胶乳生理参数数据库和安全采胶评价指标；推广应用气刺微割采胶新技术，提高采胶效率24%以上。

集成创新了高效生物凝固法生产子午线轮胎技术，规模化生产干胶加工成本降低5.2%；确定了蛋白酶分解乳胶蛋白的最适条件，筛选出适合低蛋白浓缩胶乳的稳定剂，完成了中试应用；开发了以橡胶木屑为原料的食用菌生产基质；以橡胶木屑废菌包和橡胶籽油粕为主要原料的有机肥料和有机无机复混肥；研发出可产业化生产、产品原料级纯度

70%以上、试剂级纯度98%以上的白坚木皮醇分离提取技术。

项目实施期间繁育良种籽苗64.97万株，推广良种28.15万亩；山地胶园栽培技术集成示范10.83万亩，增产22.5%；推广129.13万亩，增产9.74%，辐射带动262.91万亩；建立了年产500 t低蛋白浓缩胶乳示范生产线、年产800万袋食用菌栽培示范基地；改建了2万t子午线轮胎专用胶生产配套设施、2万t有机肥料生产线和10万t有机无机复混肥生产线；项目实施期间新增产值2.97亿元。

发表论文43篇，其中，SCI期刊论文4篇；登记新品种5个；获授权发明专利4件，美国专利受理1件；参与制定国家标准1项，制定技术标准4项；肥料正式登记1项，临时登记3项；农药正式登记1项；培训技术骨干和胶农5 346人次。

云南省科学技术奖励

证　书

为表彰云南省科学技术奖获得者，特颁发此证书。

奖励类别：科学技术进步奖

项目名称：云南天然橡胶产业关键技术研究与集成示范

奖励等级：二等

获奖单位：云南省热带作物科学研究所

云南省人民政府

2017年5月8日

证书号：2016BC045-D-001

橡胶树抗寒高产品种云研77-2和云研77-4的选育与应用

主要完成单位 云南省热带作物科学研究所

主要完成人员 和丽岗、梁国平、肖再云、刘忠亮、张长寿、宁连云、李明谦、孙小龙、胡永华

授奖级别 云南省科学技术进步奖二等奖

授奖时间 2017年

成果简介 由于云南植胶区纬度偏北、海拔高、冬季热量不足，有些年份会出现低温寒害，寒害是云南省发展天然橡胶产业的主要限制因素。‘云研77-2’和‘云研77-4’是云南省热带作物科学研究所通过科技攻关选育的具有抗寒、高产、速生特性的三倍体橡胶树新品种，其主要特点如下。

抗寒性强。‘云研77-2’和‘云研77-4’是在极端最低气温-0.9℃、地温-2.7℃、静水结冰4 d的低温条件下选出的抗寒品种，海拔1 302 m的抗寒无性苗圃5年（1979—1983年）试验结果表明，‘GT1’‘云研77-2’和‘云研77-4’的平均寒害级别为1.44、0.92和0.52，‘云研77-2’和‘云研77-4’的抗寒性均比‘GT1’强。

产量高。初级系比试验测定产量时，开割后4年‘云研77-2’和‘云研77-4’的单株产量分别是对照‘GT1’的131.5%和146.2%。高级系比试验测定产量为开割后11年‘GT1’‘云研77-2’和‘云研77-4’每年平均产量分别为1 339 kg/hm^2、1 932 kg/hm^{2}和1 834 kg/hm^2，‘云研77-2’和‘云研77-4’分别为对照‘GT1’的144.3%和136.9%。多点区域试验测定产量为2000—2010年，‘云研77-2’‘云研77-4’在3个试验点的平均年产量分别为1 932 kg/hm^2、1 757 kg/hm^2，为对照‘GT1’的142.37%、129.52%。多点生产示范测定产量为2011—2016年，‘云

研77-2’在4个示范点的平均产量为3 071 kg/hm^2，为对照‘GT1’的152.37%；‘云研77-4’在8个示范点的平均产量为2 414 kg/hm^2，为对照‘GT1’的135.01%。

材积量大。18龄‘云研77-2’‘云研77-4’木材积蓄量分别是302 m^3/hm^{2}和196 m^3/hm^2，分别是‘GT1’的247.9%和160.9%。

均为三倍体品种。染色体细胞学观察表明，‘PR107’和‘GT1’的染色体数为2n=2x=36，‘云研77-2’和‘云研77-4’的染色体数目均为2n=3x=54，均为三倍体，具有生长快、不结实、产量高、抗逆性强等优点。截至目前，国内外没有三倍体橡胶树品种应用于生产的报道。

‘云研77-2’和‘云研77-4’于2000年通过国审并大规模推广种植。2000—2015年，共计在云南省内推广应用245.45万亩，年增产干胶9.68万t，新增经济效益181.57亿元，为云南天然橡胶产业成为全国种植面积最大、单位面积产量最高、总产量最高的优势产业提供了重要的支撑。

云南省科学技术奖励

证　书

为表彰云南省科学技术奖获得者，特颁发此证书。

奖励类别：科学技术进步奖

项目名称：橡胶树抗寒高产品种云研77-2和云研77-4的选育与应用

奖励等级：二等

获奖单位：云南省热带作物科学研究所

2018年6月3日

证书号：2017BC084-D-001

澳洲坚果品种选育与栽培关键技术研究及示范推广

主要完成单位 云南省热带作物科学研究所、云南省林业和草原技术推广总站

主要完成人员 贺熙勇、倪书邦、施彬、陶丽、柳觐、聂艳丽、陶亮、王进强、杨丽萍

授奖级别 云南省科学技术进步奖二等奖

授奖时间 2018年

成果简介 针对国内选育的澳洲坚果良种数量有限、山地栽培技术缺乏难以满足产业快速发展的需要等问题，2008—2015年，通过云南省重点新产品开发计划和2个云南省院所技术开发专项的立项支持，项目单位经多年研发和产业化应用，取得了以下成果。

经多年对50个引进品种进行区域性与生产性试验，筛选出适宜云南推广的审（认）定良种3个（其中，2个被农业农村部遴选为全国主导品种），产量、品质与原产地相当。据2013—2017年对云南5个澳洲坚果主要种植区（临沧、德宏、保山、普洱和西双版纳）的调查统计，筛选出的3个良种在现有果园中的占比达58%以上。

发明了切管连被去雄法和授粉昆虫隔离法新技术，突破了澳洲坚果杂交育种授粉的技术瓶颈；完成100个杂交组合，获得F_1代6 741株，选择出优良杂交单株48株，经济性状优于国内主推品种，为下一代选育具有云南自主知识产权的良种奠定了坚实基础。

集成创新了1套云南山地澳洲坚果栽培关键技术体系，包括授粉品种配置、肥水调控、病虫害防控和高效采收等技术，首次制定出国内澳洲坚果丰产树叶片营养推荐指标、国内首创澳洲坚果乙烯利促脱采收技术。实现10年生试验基地亩产鲜壳果达225.7 kg，示范基地累计增产

16.95%～34.7%。

2013—2017年在临沧、德宏、普洱、保山、西双版纳等地建设3个良种（‘O.C’‘A4’‘A16’）采穗圃共1 613.4亩，销售穗条381.4万条，培育苗木1 305.5万株，新增良种种植面积46.03万亩，示范推广丰产栽培技术累计182.35万亩，新增壳果1.69万t，实现产值8.84亿元，利润3.79亿元。

项目实施期间，通过省级品种审定1个、认定2个；获得授权发明专利3件；制定行业标准3个；发表学术论文24篇，出版著作1部；以各种形式开展技术培训176期，培训学员21 177人次。

云南省科学技术奖励

证书

为表彰云南省科学技术奖获得者，特颁发此证书。

奖励类别：科学技术进步奖

项目名称：澳洲坚果品种选育与栽培关键技术研究及示范推广

奖励等级：二等

获奖单位：云南省热带作物科学研究所

云南省人民政府

2019年5月13日

证书号：2018BC008-D-001

特色盆栽观赏植物（观花、观叶）新品种选育与示范

主要完成单位 云南省农业科学院花卉研究所、云南省热带作物科学研究所、文山学院

主要完成人员 李涵、曹桦、余蓉培、杜文文、田敏、李惠波、丁长春

授奖级别 云南省科学技术发明奖二等奖

授奖时间 2019年

成果简介 项目组整合包括科研院所、高校及企业在内的4家单位，在5项省级项目的支持下，历经8年，围绕具有代表性的4种观花、观叶（彩叶）型盆栽植物，开展种质资源的收集与创新、高效关键繁育与标准化栽培关键技术等3方面的研究，建立了以特色兰花（兰属、石斛属、兜兰属）、红掌、观赏蕨、观叶秋海棠为代表的特色盆栽植物育种技术体系、规模化种苗繁育体系及栽培种植体系。

成果分点建立4类特色盆栽种质资源库，保存品种及野生种322份，创制25个新优品种，形成国家发明技术专利8项，实用新型专利2项，发表论文13篇，其中，SCI论文3篇；形成行业及企业标准10项。15个新品种、3项发明专利、10项行业及企业标准等成果实际应用两年以上。

云南省科学技术奖励

证 书

为表彰云南省科学技术奖获得者，特颁发此证书。

奖励类别：技术发明奖

项目名称：特色盆栽观赏植物（观花、观叶）新品种选育与示范

奖励等级：二等

获 奖 者：李惠波

2020年06月30日

证书号：2019AB001-R-006

橡胶树气刺微割技术研究

主要完成单位　中国热带农业科学院橡胶研究所、海南省农垦总局农林处、云南省热带作物科学研究所、广东省农垦总局生产处

主要完成人员　校现周、魏小弟、罗世巧、李学忠、陈勇、蔡汉荣、刘实忠

授奖级别　海南省科学技术进步奖二等奖

授奖时间　2007年

成果简介　该成果技术原理为采用气态激素乙烯刺激，延长短割线的排胶时间，达到增加橡胶产量、提高割胶劳动生产率的目的。主要特点第一为高产，可以增产10%以上。第二为高效，每个胶工的割胶岗位至少可以扩大1倍以上。第三为安全，对橡胶树产胶和生长没有明显的副作用。

该技术具有创造性与先进性：首先，国外没有技术规程，刺激剂量没有统一规定。项目对刺激剂量、刺激周期、割胶频率等方面进行了探索，并就气刺微割对橡胶树的生理状况进行了初步研究，最终总结出了适合我国割胶生产特点的技术要点。其次，创造性地设计了一种软性气室，对国外的气室进行了革新。目前，国外采取硬塑料盒式气室，其缺点是不易在树上密封，并且在树上占用的面积太大，数年后就没有树皮继续粘气室。

此项技术适用于橡胶树的割胶生产，经过10年的研究表明对橡胶树的产胶和生长没有明显的副作用，是一项安全的生产技术。

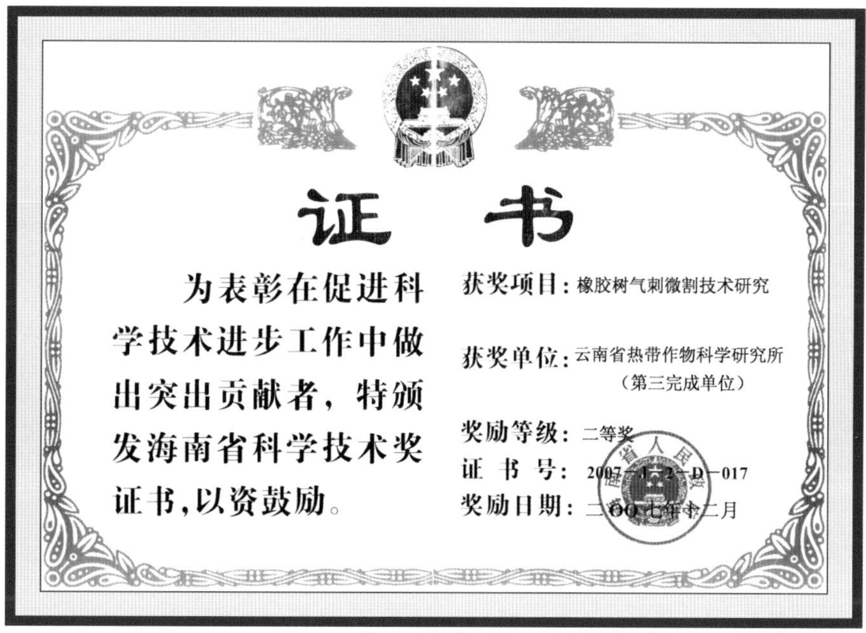

证　书

为表彰在促进科学技术进步工作中做出突出贡献者，特颁发海南省科学技术奖证书，以资鼓励。

获奖项目：橡胶树气刺微割技术研究

获奖单位：云南省热带作物科学研究所（第三完成单位）

奖励等级：二等奖

证 书 号：2007—J—2—D—017

奖励日期：二OO七年十二月

澳洲坚果产业关键技术创新与应用

主要完成单位 广西南亚热带农业科学研究所、云南省热带作物科学研究所、三只松鼠股份有限公司、洽洽食品股份有限公司

主要完成人员 王文林、谭秋锦、陶亮、黄锡云、宋海云、张涛、贺熙勇、汤秀华、贺鹏、郑树

授奖级别 广西壮族自治区科学技术进步奖二等奖

授奖时间 2021年

成果简介 本项目属农林科学技术应用领域，澳洲坚果原产于澳大利亚，我国目前种植面积403万亩，居世界第一（占比70.4%），随着产业发展需求日益提升，种质资源缺乏、品种资源少、老品种退化、栽培技术落后、生产经济效益低、加工基础薄弱等产业问题突显，项目围绕资源收集、种质创新、品种选育、栽培关键技术、加工多样化产品及综合利用等方面开展系统研究，取得主要创新性成果如下。

由于国内优异种质资源缺乏、品种资源少，在原有保存澳洲坚果315份种质资源基础上，利用杂交、^{137}Cs-γ射线技术等方法创新出新种质132份，优异种质资源数量居全国首位；首次用SNP标记方法明确了45个国内栽培品种的亲缘关系，为扩大种质资源挖掘打下良好基础；克隆、鉴定出调控成花、果实发育和干旱抗性等基因8个；选育出3个优良新品种，亩产量相比原主栽品种提高41.41%以上，在全国推广222.36万亩，新品种全国占比55.18%。解决了我国澳洲坚果优异种质资源缺乏、优良品种少，制约产业发展的关键性难题，支撑和引领我国澳洲坚果育种及产业发展。

通过发明"'活支柱'高接换冠""立体修剪+'V'形整形""病虫害高效防控""果园定向生草"等栽培关键技术，创新集成了

配套高效栽培技术，提高高接换冠成活率45%，提早1年投产，加速了低产林改造效率，使果园土壤有机质含量由0.44%提高至1.38%，降低生产成本15.46%，亩产量提高37.29%，坏果率减少27.25%，促进了我国澳洲坚果生产节本增效、提质增产与环境友好，有力推动了产业的可持续发展。制定喀斯特地区澳洲坚果栽培技术规程，填补该领域技术空白，支撑推广喀斯特石漠化地区澳洲坚果种植面积56.42万亩并获得良好经济效益，促进了喀斯特生态脆弱地区生态效益与经济效益的同步提升；获得发明专利4项，制定地方标准1个，出版著作1部。

研发澳洲坚果专用破壳清洗、智能烘干自动化加工设备2套，筛选出2个“开口”适用品种，利用分段控温热泵干燥技术，解决了果仁易酸败、黏壳、易裂果、褐变等难题，有效提高开口合格率12.5%，延长货架期6个月，降低初加工成本70%以上；研发高附加值产品12款，在19家企业建立加工示范生产线101条，形成23个坚果知名品牌，推动了国内澳洲坚果产业多元化发展，促进了产业转型升级。获得实用新型专利2项。

项目获国审品种1个、省级品种审定2个；地方标准1个，获授权专利6项（发明专利4项），软件著作权3件，出版著作1部，发表论文33篇；成果技术在广西、云南、广东、贵州、浙江、安徽等省（区）的适宜区得到了广泛推广应用；近3年打造乡村振兴科技引领示范基地36个，开展158期培训，累计10 410人次，带动1 823户脱贫，累计新增生产经济效益112.33亿元，新增利润56.98亿元，节约成本7.66亿元，取得了显著经济、社会及生态效益。项目成果居国际先进水平。

广西科学技术奖
证　书

为表彰广西科学技术奖获得者，特颁发此证书。

奖项名称：科学技术进步奖
奖励等级：二等
成果名称：澳洲坚果产业关键技术创新与应用
获 奖 者：云南省热带作物科学研究所

2022年5月23日

证书号：2021J2-11-D02

香荚兰露地栽培

主要完成单位 云南省热带作物科学研究所经济作物研究室

主要完成人员 集体

授奖级别 农垦部科研成果奖三等奖

授奖时间 1982年

成果简介 香荚兰（*Vanilla planifolia*）为兰科多年生攀援藤本植物，荚果经加工或浸提为商品香荚兰豆或香荚兰酊剂，可用作高级食品的配香，经济价值高。国际市场需求量大，我国每年均需进口。

1973年，从广东粤西试验站引进露地试种，1975年、1976年、1978年扩大试种，现有面积6亩。1975—1976年布置荫棚下棚架栽培、银合欢树作攀援活支柱栽培。银合欢树下棚架栽培（对照）试验，植株生长正常，能安全越冬，已开花结荚，露地栽培获得成功。其中，以银合欢作攀援活支柱栽培最好，生长快，开花早，结荚多，成本低。例如1975—1976年种植苗，到1979年平均单株累计生长量中，主蔓分别为1 799 cm和1 363.2 cm，比对照长3.1%和9.9%；主蔓增叶为157.5片和112.4片，比对照多3.1%和5.2%；主蔓增粗1.08 cm和1.16 cm，比对照大12.5%和27.4%。1975年种植苗，3年开始开花，平均每亩2序12朵；4年37序333朵，结荚209条。1976年种植苗，3年开始开花，平均每亩28序246朵，结荚188条；4年1 815朵，结荚825条。1978年种植苗，半年开始开花，1序2朵，结荚2条。荫棚下棚架栽培1975年种植苗，4年开始开花，2序6朵，结荚2条。对照银合欢树下棚架栽培种植苗，未开花。在花期进行人工授粉和喷水，荚熟期及时锄草、施肥可显著提高产量。

以条溃疡病为主的胶园综合治理技术

主要完成单位 云南省热带作物科学研究所

主要完成人员 集体

授奖级别 农牧渔业部科学技术进步奖三等奖

授奖时间 1986年

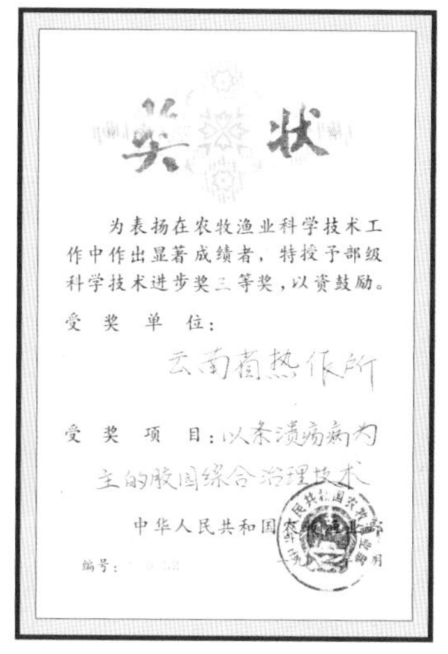

奖状

为表扬在农牧渔业科学技术工作中作出显著成绩者，特授予部级科学技术进步奖三等奖，以资鼓励。

受奖单位：云南省热作所

受奖项目：以条溃疡病为主的胶园综合治理技术

中华人民共和国农牧渔业部

编号：

成果简介 橡胶树条溃疡病是由柑橘褐腐疫霉、辣椒疫霉、寄生疫霉、密氏疫霉和棕榈疫霉引起的，为防止上述疫情的发生，在研究其流行规律的基础上，根据病害流行规律及胶园现状，运用多项防病、避病、提高树皮抗性、控制病斑扩展等综合治理措施，例如在季风性落叶病区、条溃疡重病区和多雨区安装油毡防雨帽阻遏带菌的径向流水；多雨地区喷施霜疫灵和瑞毒霉缓释剂；根据历年病情合理安排刀次；秋冬季割胶严格执行“一浅四不割”的措施；使用高效治疗剂控制各种病斑，解决刀刮所造成的扩大病部创伤面，加快树皮愈合；适当施用低浓度乙烯利乳剂，在增肥减刀下，提高树皮抗性和避病，把病害控制在最低水平，中重病株率低于1 %，以达到防病保树、高产稳产的目的。本项技术关键是解决了高温多雨、雨量大的条件下既防好病又能正常割胶的技术难题。贯彻上述技术的示范场，连续4年将三级以上病株率控制在0.27%～0.47%，减少病害损失和节约防治成本210万元，累计增产干胶600 t，综合治理技术推广后基本控制此病的流行，3年推广防治111.9万株，合计增收700万元。本项技术从1986年至今已在云南植胶垦区大面积推广应用。

电热风半连续干燥标准胶

主要完成单位 云南省农垦总局热作处、云南省热带作物科学研究所加工室、昆明工学院机械系热工教研室、景洪农场生产科

主要完成人员 黄伟英、陈伟隆、何德广、冯勇、邓中悟、何翰廉、郑文代、伏伯群

授奖级别 农业部科学技术进步奖三等奖

授奖时间 1988年

成果简介 本项目成功研制1套标准胶电热风四段式半连续干燥柜及与此相配套的电热风发生炉和自动控制系统，在国内首次成功地把电能应用到天然橡胶干燥。此项成果可应用于快速凝固、常规凝固的标准胶干燥，其电炉热风系统可适用于半连续干燥柜或连续干燥柜。

本项目从分析目前国内各种橡胶干燥器入手，通过试验比较，确定采用四段式半连续干燥柜，改进了热量回收措施，并应用矿井通风阻力理论及其测量方法；测定了胶层系统总风阻值，合理地选择了风机，使干燥效率达到目前国内先进水平。在电热风发生炉设计上，通过试验确定了强制通风条件下电热元件的适合表面功率、绕制形式、配合电炉使用的自动控温及电炉保护联锁装置等4项技术措施。在供热上采用双电炉、双风机分段供热方式，能方便地控制恒、降段的温度和风量，且两台电炉能互相调节功率，有效控制能耗，所设计供热系统具有结构简单、使用方便、控制灵活及运行可靠的优点。此干燥系统主要技术经济指标均达到国内同行业的先进水平。其主要指标如下。

生产能力：800～900 kg/h；

耗电量：300～320 kWh/t干胶，外界条件较好时为280 kWh/t干胶（对含水量为35%的湿胶）。

干燥效率：65%～70%，外界条件较好时可达80%左右（国内同行燃油式干燥，干燥效率一般为50%～60%）。

产品性能达部颁一级胶标准。

与单元式电热风干燥柜比较，吨胶电耗降低100 kWh左右，节省人工0.5个，节约干燥费用10元左右，由于以电代柴减少烧柴0.7 m^3。

此项成果为标准胶干燥提供了一种应用电能节能效果较好的方法。可减少油料供应，避免森林砍伐，减少环境污染，减轻劳动强度，具有较好的经济、社会效益，适宜在水电资源较丰富地区的中型制胶厂推广。

奖状

为表彰在农业科学技术进步工作中作出显著成绩者，特授予部级科学技术进步奖三等奖。

受奖项目：电热风半連続干燥标准胶

受奖单位：云南省热带作物科学研究所加工室

编号：880515

中华人民共和国农业部

一九八八年九月一日

澳洲坚果良种选育与丰产栽培关键技术集成及推广应用

主要完成单位　云南省热带作物科学研究所、永德县亚练乡农业农村服务中心、景洪市经济作物工作站、镇康县农业技术推广站、盈江县农业农村局农业技术推广中心、江城哈尼族彝族自治县农业技术推广中心

主要完成人员　陶亮、贺熙勇、岳海、王进强、陶丽、耿建建、倪书邦、毛金凭、郭金斌、鲁思珍、高朝派、周家喜、王康、李育美、金朝万、张碧双、杨向伟、李玲彬、汪智欢、胡秀芝、唐学建、邵忠明、杨城、汪静、岩光

授奖级别　全国农牧渔业丰收奖农业技术推广成果奖三等奖

授奖时间　2022年

成果简介　澳洲坚果原产于澳大利亚，我国目前种植面积约399.2万亩，位居世界第一（占比60.92%），随着产业地位日益提升，良种缺乏、品种杂乱、栽培技术落后等产业问题突显，项目围绕良种选育、良种推广、栽培关键技术、推广技术等方面开展系统研究并大力推广应用，取得主要创新性成果如下。

选育并推广澳洲坚果良种5个。选育品种具早结、丰产、优质、抗性强等特点，已在云南省推广种植200余万亩，约占全省澳洲坚果总种植面积的50.4%；营建‘O.C’‘A4’‘A16’‘桂热1号’和‘HAES863’良种采穗圃8个，面积1 850.4亩，生产良种优质穗条381.4万条，良种覆盖率达80%以上；集成创新了1套云南山地澳洲坚果栽培关键技术，包括授粉品种配置、肥水调控、病虫害防控、高效采收等技术，首次制定出国内澳洲坚果丰产树叶片营养推荐指标、国内首创澳洲坚果乙烯利促落果高效采收技术。实现10年生示范基地亩产鲜壳果

达225.7 kg，比对照提高34.7%。采用“科研院所+示范基地+农业推广站（公司）+种植户”的创新推广模式进行大力推广，澳洲坚果丰产栽培关键技术在全省示范推广累计达182.35万亩，新增壳果产量1.69万t，实现产值8.84亿元，新增利润3.38亿元。举办各类澳洲坚果栽培技术培训班718期，培训人员57 082人次，为全省澳洲坚果产业的良性发展提供了有力支撑。

全国农牧渔业丰收奖

证　书

为表彰2019-2021年度全国农牧渔业丰收奖获得者，特颁发此证书。

奖项类别：农业技术推广成果奖

项目名称：澳洲坚果良种选育与丰产栽培关键技术集成及推广应用

奖励等级：三等奖

获奖者单位：云南省热带作物科学研究所（第1完成单位）

二〇二二年十二月

编号：FCG-2022-3-315-01D

云南省热带作物种植业区划

主要完成单位　云南省热带作物区划办公室、云南省农垦总局设计院、云南省热带作物科学研究所、云南省农垦总局生产处及科技处

主要完成人员　曾延庆、龚光前、何语立、李承尧、邓作民、张汝、李一鲲、宋威溥

授奖级别　全国农业区划委员会科技成果奖三等奖

授奖时间　1985年

成果简介　本成果全面分析了云南热区的农业自然资源、社会经济技术条件、热作种植业生产概况、热作种植业发展方向和合理结构与布局以及热作种植业区划和发展热作种植业的关键措施。

在资料分析的基础上提出了云南省橡胶树生态适宜区区划、云南省胡椒生态适宜区区划、云南省咖啡生态适宜区区划、云南省砂仁生态适宜区区划、云南省依兰香生态适宜区区划和云南省芒果生态适宜区区划。

西双版纳大勐龙坝橡胶林越冬气候及防寒措施

主要完成单位 西双版纳州气象考察组

主要完成人员 集体

授奖级别 云南省科学技术成果奖三等奖

授奖时间 1978年

成果简介 1977—1978年冬，在东风农场大勐龙坝进行了橡胶林越冬气候和防寒措施的研究，主要结果如下。

1. 大勐龙坝冬季热量的垂直变化规律

辐射型天气：在离地100 ~ 400 m范围内，100%形成逆温，其温度随高度增加而递增，平均每100 m温度变幅为0.9℃，最大100 m温度变幅可达1.8℃。

平流型天气：温度随高度增加而递减，平均100 m温度变幅为-0.55℃，最大100 m温度变幅可达-0.7℃。

依据辐射型天气温度随海拔高度递增剧烈，平流型天气温度垂直变化和缓的特点，可适当提高植胶海拔高度。

2. 地形小气候的差异

在同一坝内，大阳坡地面最低温度比大阴坡高2.3 ~ 2.8℃，特别白天14—18时的气温差别显著，14时150 ~ 400 cm高度，平均差可达5℃；离地2 ~ 50 cm高处，平均差竟达11.1℃。中丘以上的山头，20 cm高处日平均气温，西南坡比北坡高3℃。日照时数，南坡下为9.5 h，北坡下为5.5 h，南坡比北坡长4 h。北坡坡度每增加1°，日照时数减少4 min左右。由于阴坡日照时数少，越冬热量也显著减少。太阳直接辐射，坡度10°，南坡为每日340 cal/cm^2；坡度20°，北坡为每日103 cal/cm^2。

3. 提出相对集中与相对分散（宽行丛植）相结合的橡胶树种植形式

由于树冠截留，投射到林冠下的总辐射量只相当于林外空地的9%。

郁闭度60%的比郁闭度80%的林地接受辐射量增加21.6%。

胶林林缘向阳面，林内光的强度随林深深度而递减，透光系数为224（S*）$^{-1.55}$。

4. 物理与化学防寒试验

塑膜防寒罩：塑膜防寒罩在一天的降温阶段能提高气温2.7℃，树皮表面温度2～2.6℃，皮内温度0.5～1.5℃，且能缩短低温持续时间2 h以上。

土围子盖薄膜：既具备塑料薄膜防寒罩的优点，又利用了土壤增温，因此，提高温度效果最好。在每天的低温阶段，能提高气温3.5～3.8℃，树皮温度2.5～3.5℃，皮内温度1.7～2.9℃。

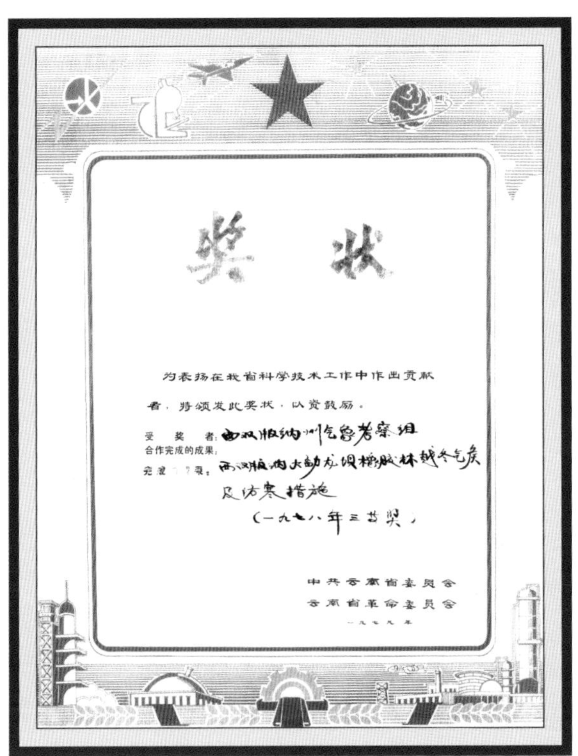

奖状

为表扬在我省科学技术工作中作出贡献者，特颁发此奖状，以资鼓励。

受奖者：西双版纳州气象考察组

合作完成的成果：

完成[illegible]：西双版纳大勐龙坝橡胶林越冬气候及防寒措施

（一九七八年三等奖）

中共云南省委员会

云南省革命委员会

一九七九年

* 注：S为从林边深入林地中心的距离，单位为m。

橡胶炭疽病的研究

主要完成单位 云南省热带作物科学研究所植保室

主要完成人员 集体

授奖级别 云南省科学技术成果奖三等奖

授奖时间 1978年

成果简介 橡胶炭疽病是叶部病害之一，在云南垦区主要为害小苗，某些年份也可造成局部开割林地落叶和枯枝。1977年以来进行了病原菌分离培养鉴定、生物学特性观察、发病规律及防治研究。

病原菌鉴定：过去只观察到无性世代，近年通过大量的组织分离、单孢分离培养纯化，获得了有性世代的菌株。根据病原菌形态特征、接种试验和病害症状综合鉴定结果，其无性世代为*Colletotrichum gloeosporioides* F. heveae；有性世代为*Glomerella cingulata*，同萨卡斯（saccas）描述的橡胶炭疽病病原菌形态特征基本一致。病原菌的生物学特性及病害流行规律：病原菌经培养，从分生孢子或子囊孢子萌发到产生子囊孢子，约1个月完成生长发育周期。

菌丝体生长发育最适温度为26～28℃，分生孢子萌发最适温度27℃，侵染、扩展、产孢适宜温度为22～27℃，40℃停止侵染。孢子繁殖要求湿度较高，在多雨和霉露重的季节病斑上产生橘红色分生孢子团。菌丝在水滴中24 h可产生大量的分生孢子。每毫升菌液分生孢子2万～194万个。生长产孢适宜的pH值6～8。

该病发生和流行与环境条件密切相关，低温、湿度大是流行的主要条件。在苗圃发生全年分3个时期。

流行期（11月至翌年2月）：气温低（旬均温15～18.4℃），胶苗生势弱，叶片老化慢，湿度大、雾重，利于病害发生，造成严重流行。

消退期（3—5月）：高温干旱，相对湿度小，不适宜病菌的再次侵染，病情轻。

间断发生期（6—10月）：高温多雨，相对湿度大，适宜胶苗生长，叶片老化快，抗侵染力强。遇出现连续阴雨天气，利于孢子萌发、传播，病情缓慢上升；遇连续晴天，病情下降。

苗圃防治试验：用孢子萌发法测定12种农药，其中，效果较好的有0.5 mg/L百菌清，抑菌率达89.5%；5 mg/L炭疽福镁，抑菌率100%；100 mg/L甲基硫菌灵抑菌率100%；50 mg/L 23-16E抑菌率100%；200倍水的769抑菌率98.%。

田间防效时选用下列药剂每10 d喷1次，其防效分别为0.5%甲基硫菌灵（日本产）抑菌率86.2%；0.75%百菌清（日本产）抑菌率76.1%；2.5%炭疽福镁抑菌率72.4%；100 mg/L放线酮92.5%；土法生产的固体内疗素10倍水浸泡稀释液抑菌率为85.4%。

奖状

为表扬在我省科学技术工作中作出贡献者，特颁发此奖状，以资鼓励。

受奖者：云南省热带作物研究所植保室

合作完成的成果：

橡胶炭疽病的研究

（一九七八年三等奖）

中共云南省委员会

云南省革命委员会

一九七九年

依兰栽培及提油工艺

主要完成单位 云南省热带作物科学研究所

主要完成人员 集体

授奖级别 云南省科学技术成果奖三等奖

授奖时间 1978年

成果简介 依兰（*Cananga odorata*）花提取的依兰油，是配制多种化妆品不可缺少的香精油，目前尚需进口。1963年，引入斯里兰卡种，1973年与昆明香料厂协作，进行速生丰产矮化栽培试验，布置试验地7.5亩；其后，西双版纳推广种植6 600余亩，均已陆续投产。

育苗：依兰香种子休眠期短，新鲜种子贮藏半月播种，发芽率为82%，随贮藏时间的增长发芽率下降，贮藏5个月则失去发芽力。因此，最好用新鲜种子播种。因种皮厚，不易透水，影响发芽和出苗整齐，播前用50～60℃的温水浸种24 h，出苗率可达98%。果熟期在10—12月，冬季育苗温度低发芽慢，出苗率低。采用温床或塑料薄膜覆盖苗床，能提高播种层温度2.5～3.4℃，播后34～41 d出苗，雨季初能出圃，比露地苗床育苗早出苗20～43 d，提早出圃2～3个月。

无性繁殖：实生树个体差异大，影响花的产量。采用芽接无性繁殖，可以保持高产母树的性状。叶芽是裸芽，雨季芽接，芽点容易霉烂，成活率低。采用直生枝条作接穗，露芽芽接，于雨季末期（9—11月）和旱季（3—4月）芽接（砧木浇水，以利剥皮），成活率达94%～99%。芽接树定植后，1～2年开花，3年齐花，比同龄实生树初花期提早1～2年，齐花期提早5～6年，花量增多。

实生树矮化：依兰香是高大乔木，任其自然生长，可高达20 m以上，枝条质脆易断，采花困难。采用单干二次摘顶，可使树干矮化，控制在5 m以下，形成分层型和开心型树型，枝叶茂密，并提早1～2年开花，花量多。矮化的9年生实生树单株产花量，分层型为11.3 kg，比对照高77.9%；开心型为7.2 kg，比对照高49.3%。采花方便。

奖状

为表扬在我省科学技术工作中作出贡献者，特颁发此奖状，以资鼓励。

受　奖　者：云南省热带作物研究所

合作完成的成果：依兰栽培及提油工艺（合作）

（一九七八年三等奖）

中共云南省委员会

云南省革命委员会

一九七九年

橡胶抗寒品种“云研一号”有性系的选育

主要完成单位　云南省热带作物科学研究所

主要完成人员　橡胶育种研究室

授奖级别　云南省科研成果奖三等奖

授奖时间　1980年

成果简介　‘云研一号’有性系是1966年以无性系‘GT1’和‘PR107’杂交的有性后代。在1973—1974年、1975—1976年冬两次特大低温中，因抗寒表现突出而被选出。现生产上已种植2万余亩。

抗寒性：1973—1974年冬，勐养农场苗圃4个月生苗，在持续辐射降温13 d，≤5℃累计161 h，极端低温1.4℃情况下，寒害平均级别较其他品系幼苗轻0.9级；在1.9℃低温下，5龄半幼树基本无寒害。1975—1976年冬，在思茅前哨苗圃，极端低温-0.9℃、≤5℃天数45 d、霜日10 d、结冰4 d，幼苗寒害在30个参试品系中最轻，平均寒害级别2.1级，越冬后保苗率85.7%；对照品系天数31～45 d为2.96级，保苗率仅1.3%。同年冬，勐养农场八队重寒害区的半阴坡凝霜，其二年生幼树为0.5级，保苗率100%；对照品系‘GT1’为1.53级，保苗率93.3%。1979年冬，在勐海前哨点，极端低温-1.9℃、<5℃天数16 d，<0.5℃天数5 d，低温期内连续17 d晨间观测点均见重霜，静水结冰，幼苗在23个参试品系中寒害最轻，平均级别1.71级，对照品系‘GT1’寒害2.76级。

产量：云南省热带作物科学研究所第1至第6割年（59～135株）平均单株年产干胶3.1 kg，第8割年达5.1 kg。勐养农场八队试割，每割次株产干胶14 g。

生长：在相同条件下比无性系‘GT1’生势好，生长快，茎围大

12.1%，原生皮厚度大8.8%。

由于‘云研1号’有性系对辐射低温有较好的抗性，产量中等，速生，可推荐在云南西部植胶区中寒害区的半阴坡、阴坡，重寒区的半阳坡种植。

荣誉证书

为表扬在我省一九八〇年度科学技术工作中作出貢献者，特頒发此証书，以资紀念。

受奖项目：橡胶抗寒品种“云研一号”有性系的选育

完成单位：云南省热带作物研究所

奖励等级：三等奖

猪饲料黄曲霉中毒试验研究

主要完成单位 景洪县畜牧兽医站、云南省热带作物科学研究所

主要完成人员 集体

授奖级别 云南省科研成果奖三等奖

授奖时间 1980年

成果简介 多年来在西双版纳及云南省其他热带地区，猪普遍发生一种以出血、黄疸为主要特征的疾病。据不完全统计，1972—1974年，仅景洪县内的4个国营农场生猪发病达6 200余头，死亡5 500余头，死亡率达90%左右。西双版纳地区每年因此病造成经济损失约10万元。

1968年开始对64个染病猪场进行了调查，剖检病、死猪128头；1972—1974年进行了实验室诊断、人工中毒试验、人工接种感染试验，小动物接种试验及黄曲霉B_1毒素的测定等工作，于1975年底确诊此病系由玉米的黄曲霉B_1毒素所致。1974年，对引起猪中毒的6个霉玉米样品中黄曲霉B_1毒素含量进行测定，高达2 000 ~ 4 000 μg/L。

在确诊病因的基础上，对此病的预防与治疗、玉米的防霉变及霉玉米的去毒处理又进行了研究，对防治此病的发生及减少玉米霉变提供了有效措施。1980年后，西双版纳地区此病的发病率大大下降，每年减少死猪2 000余头，经济效益每年可达5万 ~ 10万元。

此项研究在全国进行较早，在云南省系首次报道。

三等奖

荣誉证书

为表扬在我省一九八〇年度科学技术工作中作出贡献者，特颁发此証书，以資紀念。

受奖项目：猪飼料黄曲霉中毒试验研究

完成单位：景洪县畜牧兽医站 云南省热带作物研究所

奖励等级：三等奖

云南省人民政府

猪型布氏杆菌病的诊断

主要完成单位 云南省热带作物科学研究所

主要完成人员 集体

授奖级别 云南省科研成果奖三等奖

授奖时间 1981年

成果简介 自1980年以来，在西双版纳州某些养猪场部分母猪出现流产或久配不孕等病征。主要表现为母猪怀孕2～3个月后发生流产，流产前数日，乳房及阴唇肿大，阴道内有分泌物流出，有时带血，个别的流产后胎衣不下。流产后母猪一般恢复较快，常于数天后发情，但配种受胎率低，有的久配不孕。公猪主要表现为两侧或单侧睾丸明显肿大，食欲减退，后期睾丸萎缩。肥猪和架子猪大多数呈隐性。病猪常引起后肢跛行，严重的出现后躯瘫痪。

通过对全州19个单位346头猪抽血检查，其中，阳性猪110头，阳性率为31.8%。经过接种培养与分离鉴定，确诊此病为猪型布氏杆菌病，并经广西壮族自治区兽医研究所鉴定证实无误。

通过研究，查清了病源是由江苏东海种猪场引进的巴克夏种猪带入，初步掌握了该病的流行范围及疫情区，提出了必须严格兽医检疫、控制环境污染、加强肉食卫生检疫消毒等措施。

该病为云南省首次报道，为今后进一步开展人畜共患的布氏杆菌病的研究提供了资料，对迅速控制和扑灭此病、保证人畜健康、促进畜牧业的发展有重要作用。

云南省热带作物研究所

猪型布氏杆菌病的诊断　项目，

获得我省一九八一年度科研成果三等奖。

特此通知。

云南省人民政府

一九八二年八月

快速凝固制胶工艺研究

主要完成单位　云南省热带作物科学研究所

主要完成人员　橡胶加工综合利用研究室加工组

授奖级别　云南省科研成果奖三等奖

（1978年获云南省科学技术成果奖，1979年获西双版纳州科学大会奖）

授奖时间　1982年

成果简介　1970年以来，首先对国内外介绍的加速凝固剂进行筛选，发现由醋酸、氯化钙和橡胶籽油皂组成的复合凝固剂，其凝固速度可以使胶乳凝固工序实现连续化。而后根据连续生产胶片的要求，研究相应的工艺条件和制胶设备，并在北京橡胶工业研究院、桦林橡胶厂、青岛橡胶二厂、上海轮胎二厂、景洪农场等单位的协作下，对快凝制胶工艺的适应性、快凝胶的质量和使用性能进行长期深入的研究，取得如下结果。

1. 工艺和设备

凝固剂：胶乳在正常干胶含量范围内（25%～40%）和低氨（0.08%以下）保存条件下，采用冰醋酸0.8%～1.8%、氯化钙0.1%～0.3%和橡胶籽油皂0.2%～0.4%（均按干胶重量计），可使胶乳凝聚速度达到30 s，凝固时间缩短至3 min。

凝固：胶乳的适宜凝固浓度为25%～30%，橡胶籽油皂可预先加入混合池与胶乳混合均匀，醋酸和氯化钙的配合根据胶乳pH值和季节作调整，分为10：1.4、10：1.5、10：1.6。胶乳和凝固剂分别流经稳流器后进入混合器，凝固pH值4.8～5.1，凝聚速度30～40 s，凝块均匀、光滑、无裂口、压片无白水。

传送胶带：传动中心长（m）×内宽（cm）×深（cm）=16.6×28×3；传送速度：3.0 m/min、5.0 m/min、8.0 m/min（三速）；传递功率：2.8 KW；搅拌速度：250～300 r/min；搅拌功率：380 W；生产能力：2×450 kg/h、2×750 kg/h、2×1 200 kg/h（二带）。

2. 快凝胶质量

化学成分：快凝胶片经适当浸水后、化学成分达到《橡胶工业原材料技术条件》一级胶指标。

加热减量%：0.26；

灰分%：0.18；

水溶物%：0.20；

蛋白质%：3.12；

丙酮抽出物%：3.54；

铜含量%：无；

锰含量%：痕迹；

氯化钙含量%：0.039

上述快凝胶胶样凝固剂用量为：氯化钙0.296%，醋酸1.86%，橡胶子油皂0.4%。

混炼胶性能：混炼胶硫化速率主要受胶料水溶物含量影响。快凝胶通过适当浸水处理，控制水溶物含量小于0.6%，可以得到正常的焦烧时间和硫化性能。另外，通过调整硫化体系（如纯胶配合中用促进剂CZ代替M，并降低硫黄用量）也能达到延长焦烧时间的目的。

硫化胶物理性能：多次室内试验证明，快凝胶无论是纯胶配方、胎面配方和实用生产配方，其综合物理性能均不低于常规凝固之同类烟胶片和标准胶。

生胶贮藏性能：快凝胶烟片贮存两年后和常规烟片化学成分比较没有显著变化，理化指标均超过《橡胶工业原材料技术条件》一级胶指标，贮后的耐热氧老化性能不比贮前差。贮存10年半后的快凝胶烟片理化快速凝固制胶工艺性能明显优于相同贮存条件的常规凝固胶烟片，自然贮存胶老化的主要特征之一是丙酮抽出物显著下降，前者保留率约77.1%，而后者仅为37.3%。

里程试验：快凝烟片胶试胎和快凝标准胶试胎，无论在使用里程、累计磨耗和翻新率方面，均接近常规凝固之同类胶试胎。快凝胶试胎的平均使用里程可达75 778 km、平均累计磨耗为5 942 km/mm。

3. 生产应用结果

快速凝固工艺应用于中小规模制胶厂，经长期扩大试验证明是成功的，可以减少基本建设费用、改善劳动条件、提高工效、降低成本，平均每吨橡胶加工成本节省30元以上，一级胶等级率约提高3%。至1981年，云南省全省采用快凝工艺的制胶厂已达26个，产胶11 259 t，占全省当年总产量的57%。

快速凝固应用于标准胶生产线，可以大大提高机械化和连续化水平，缩短生产周期，提高设备利用率，其经济效益也将随快凝标准胶工艺的逐步完善而提高。

荣誉证书

为表扬在我省一九八二年度科学技术工作中作出贡献者，特颁发此証书，以資紀念。

受奖项目：快速凝固制胶工艺研究
完成单位：云南省热带作物研究所
奖励等级：科研成果三等奖

云南省人民政府
一九八三年十二月

云南橡胶树气候分析与区划

主要完成单位 云南省农垦总局设计院、云南省气象科学研究所、云南省热带作物科学研究所

主要完成人员 袁明德、寿陛明、张汝

授奖级别 云南省科学技术进步奖三等奖

授奖时间 1985年

成果简介 该项成果主要从如下方面进行研究：巴西橡胶树的气候生态特征；云南热区的农业气候；橡胶树生长，产胶、寒害的气象条件；橡胶树气候区划与分区评述等方面进行分析论述。在对橡胶树进行生长、产胶、寒害分析中，根据多年生产实践，依据1973—1974年与1975—1976年的两次寒害资料科学试验数据，进行光温生产潜力和相关性统计分析，提出了橡胶树生长快速区（景洪、勐腊、河口、孟定等）、生长中速区（瑞丽等）和生长缓慢区（芒市、盈江、孟连县城等），并进而提出橡胶树高产区、中产区和低产区。找出了橡胶树寒害与极端最低气温、最低温度≤5℃的天数和最低温度≤5℃的负积温相关显著或极显著关系。根据综合指标分析，将云南植胶区划分为4个适宜区，3个次适宜区和2个基本适宜区。

三等奖

奖状

为奖励在我省一九八五年度科学技术进步中作出貢献者，特頒发此奖状，以資鼓励。

受奖项目：云南橡胶树气候分析与区划

完成单位：云南省农垦总局设计院　云南省气象科研所
云南省热带作物研究所

奖励等级：三等奖

云南省人民政府

云南山地橡胶树白粉病综合管理技术试验研究

主要完成单位　云南省热带作物科学研究所、云南省农垦总局生产技术处

主要完成人员　邵志忠、陈积贤、周建军、俸树忠、方云洪

授奖级别　云南省科学技术进步奖三等奖

（1992年获云南农垦科学技术进步奖一等奖）

授奖时间　1993年

成果简介　基础研究结果表明对橡胶树白粉病为害具有一定补偿能力，轻病对干胶产量无明显影响，中病不但不减产反而显著增产，重病才会显著减产，中病花果大量减少产生的补偿反应是干胶增产的主要原因；嫩叶期天气（主要是最高温）是病害流行的主导因素，病害的严重度主要决定于嫩叶期与天气的配合程度，粉锈宁烟雾技术是防治橡胶白粉病实用而经济的新技术；提出了将病害控制在中病以下的综合管理技术。其关键技术是以防治指标及短期动态测报方法指导防治，预测中病以下林地不防治，中偏重林地局部或单株防1次，重或特重林地防1～2次。

防治指标：以叶量多少及古铜叶发病率为防治指标，当叶片长5 cm以上的叶量达50%以上，古铜叶（长5～6 cm）发病率为40%～60%时及时防治。根据第一次施药后8～10 d的老化叶量、天气及古铜叶发病率确定是否再次施药。防治上不一刀切，先达到指标的先防。早抽叶的局部林地，在古铜叶发病率为20%～30%时及早防治。根据不同天气和物候期选用不同的药剂防治。阴雨天采用粉锈宁烟雾，进入淡绿期采用硫黄粉防治。根据病害流行强度和未来天气及施药期物候适当调整用药量和次数，一般天气下用常规剂量，病情较重的林地适当加大剂量。

该技术较传统防治方法减少了越冬物候、越冬菌量观察及防治至轻病以下的大量物耗人力，较之更为简便经济。1988—1992年已累计推广10 000 hm^2。

奖 状

云南省热作所：

你单位完成的云南山地橡胶树白粉病综合管理技术试验研究项目，荣获云南省一九九三年度科学技术进步三等奖，特颁发此奖状，以资鼓励。

获奖单位：云南省热作所、云南省农垦总局生产技术处

获奖人员：[illegible]

云南省人民政府

一九九三年十二月

治疡灵防治橡胶树条溃疡病研究

主要完成单位 云南省热带作物科学研究所

主要完成人员 肖永清、徐明安、杨雄飞

授奖级别 云南省科学技术进步奖三等奖

（1992年获云南农垦科学技术进步奖一等奖）

授奖时间 1993年

成果简介 该研究成果应用控释技术使防病有效期从原来的2～4 d延长到15～20 d，在病斑外表作一次性涂药，即可杀死深藏于树皮内的疫霉菌，阻止病菌在树皮内继续扩展蔓延为害。3年来，在重病区（常发病区）161万株多点中间试验表明，由云南省热带作物科学研究所研制的控释剂载体配方治疡灵，实际应用在病害流行期间，只需涂药6～8次，其防治效果就可相当于以往用水溶性杀菌剂涂药30～50次，而且能有效控制4～5级重病树的发生，其防效可达94.5%，重病株率在0.02%以下，病斑治愈率达97%以上，而且省工省药，节省防治用工65%～80%，农药费用减少了20%左右，总体防治费用从每公顷90～120元/年降低到45～60元/年，防治费用减少了50%～60%（平均55.4%）。

截至1990年底，此项成果已在临沧垦区的勐撒农场、耿马民营胶园，西双版纳的黎明农场、勐醒农场、勐腊农场、勐满农场推广使用，孟定、景洪、东风、勐捧、孟连等农场及部分民营胶园也作防治推广示范，1988—1990年累计推广约3 400 hm^2。

奖状

云南省热带作物科研所：

你单位完成的治病灵防治橡胶树条溃疡研究项目，荣获云南省一九九三年度科学技术进步三等奖，特颁发此奖状，以资鼓励。

获奖单位：云南省热带作物科研所

获奖人员：肖永清、徐明安、杨雄飞

云南省人民政府

一九九三年十二月

巴西橡胶新种质引种、保存、鉴定及利用研究

主要完成单位 云南省热带作物科学研究所

主要完成人员 杨少斧、王正国、杨爱梅、张琴华、梁国平

授奖级别 云南省科学技术进步奖三等奖

（1992年获云南农垦科学技术进步奖一等奖）

授奖时间 1994年

成果简介 本项目对引种保存的4 212个巴西橡胶新种质，采用常规育种技术进行观察、鉴定、筛选和利用，在种质圃1～2龄苗预测叶脉胶和小叶柄胶，采样进行乳管解剖，观察乳管系发育，冬季测量电导及前哨苗圃观察预测抗寒力；3～4龄苗进行试割测产；大病害和自然灾害后，调查品系抗性。经过大量的测试鉴定，筛选出性状优良的少量品系建立系比和矮化授粉园，进行人工杂交，创造了一批新的选育种原始材料，杂交后代中已有8个高产个体产量超过‘RRIM600’，并进入系比试验，有良好的利用前景。

奖状

云南省热带作物科研所

你单位完成的巴西橡胶新种质引种、保存、鉴定及利用研究项目，荣获云南省一九九四年度科学技术进步三等奖，特颁发此奖状，以资鼓励。

获奖单位：云南省热带作物科研所

获奖人员：杨少斧 王正国 杨爱梅 张琴华 梁国平

云南省人民政府

子午线轮胎专用天然胶研制

主要完成单位 云南省农垦总局工业处、云南省热带作物科学研究所、国营勐捧农场

主要完成人员 黄伟英、林文光、邓中梧、唐宝熙、徐定国

授奖级别 云南省科学技术进步奖三等奖

（1995年获云南农垦科学技术进步奖一等奖）

授奖时间 1996年

成果简介 子午线轮胎专用天然胶以鲜胶乳为原料，采用生物凝固技术凝固，通过工业调控橡胶黏度，凝块经一定时间熟化后再经机械脱水、造粒、热风强制对流干燥等工艺制成。

研究成果填补了云南省空白，此项工艺技术达到国内先进水平；产品基本性能、实用配方性能、试胎实际里程实验结果，均达到马来西亚同类胶水平，符合美国费尔斯通轮胎公司技术标准。华南橡胶轮胎有限公司已在子午线轮胎生产中批量应用，并采用该研制产品生产的子午线轮胎参加1995年全国子午胎里程评比。

研究成果可在全国天然胶产区推广应用。云南省农垦总局已计划对几个制胶厂进行技改，推广该项成果投入规模生产。

奖 状

云南省热带作物科学研究所

你单位完成的子午线轮胎专用天然胶研制项目，荣获云南省一九九六年度科学技术进步三等奖，特颁发此奖状，以资鼓励。

西双版纳山地逆温的综合考察研究

主要完成单位 云南省热带作物科学研究所

主要完成人员 王科、钟绍怀、郭玉清、马文超

授奖级别 云南省科学技术进步奖三等奖

授奖时间 1997年

成果简介 山地逆温是西双版纳得天独厚的生物气候资源的一个重要组成部分，它提高了山区越冬的热量条件，巧妙地协调和形成西双版纳冬暖夏凉的气候，为各种生物创造了多样生境，具有“动植物王国”之美称。该项目通过10余年对西双版纳几个主体山脉逆温特性的系统考查研究，否定了认为中、高海拔山区冬干季节多雾，日照时间短，散射光强的观点。基本摸清该地区山地逆温的变化规律，发现滇西南哀牢山山脉以西，辐射降温为主的西双版纳雾层以上的山区，整个冬季的光、热条件明显优于坝区，山地逆温特别强大，并呈“双峰型”逆温规律。在山体不同坡面上都形成一个明显的暖带，这是各种热带作物越冬安全地带，为云南高海拔植胶成功、扩大种植面积提供了理论依据。通过利用山地逆温这一气候资源，生产性植胶的海拔高度从海拔900 m提高到1 100 m。本研究提出西双版纳山地逆温层顶的上限高度和在垂直高度上划分为3个气候带的结论，为本区约4×10^5 hm^2荒山荒地的合理开发，因地制宜发展种植、养殖业提供科学依据。发现雾层以上的山区冬干季节晴天多、日照时间长、光热条件明显优于坝区，首次提出“双峰型”逆温规律、暖带位置、逆温层顶高度以及垂直高度上3个气候带划分的结论，为充分利用这一宝贵的气候资源，提高植胶海拔上限，扩大种植面积，因地制宜开发中、高海拔山区提供了科学依据，不但有实用价值，而且有学术理论意义。

奖状

云南省热带作物科学研究所

你单位完成的西双版纳山地逆温的综合考察研究项目，荣获云南省一九九七年度科学技术进步三等奖，特颁发此奖状，以资鼓励。

获奖单位：云南省热带作物科学研究所

获奖人员：王科　钟绍怀　郭玉清　马文超

云南省人民政府

云南热区1999/2000年冬热带作物寒（冻）害调研

主要完成单位　云南农垦集团有限责任公司、云南省热带作物科学研究所、云南省农业工程研究设计院、云南省德宏热带农业科学研究所、云南省红河热带农业科学研究所

主要完成人员　洪龙汉、李传辉、胡卓勇、张汝、肖桂秀、李杰、刘代兴

授奖级别　云南省科学技术进步奖三等奖

授奖时间　2000年

成果简介　本项目从低温与寒害、地貌与寒害、作物品种与寒害、栽培措施与寒害、经济作物寒害等5个方面进行了专题调研。通过调研，摸清了1999—2000年冬云南热区热作寒（冻）害规律，认识了云南热区寒潮侵袭路径、降温性质、新的危害特点，以及环境与热作寒害的特殊规律；鉴定了各种热作抗寒性强弱，选择出一批橡胶抗寒品种，并提出了云南热区热作防寒减灾的具体措施和意见。调研结果充分验证了云南热区近20余年来热作栽培“三对口”防寒减灾措施是正确的、有效的，具有科学性、先进性和独创性。为橡胶树单位面积产量处于世界领先水平和热作经济可持续发展奠定了坚实的基础。是在云南省独特地貌和气候条件下热作栽培的一项重要科学技术的全面总结，具国内同类调研的先进水平，对全省热作产业的发展具有重大的指导意义。

由于低温寒害是云南热区发展热带作物的主要制约因素和最大障碍，因此，云南农垦集团公司对此次寒（冻）害调研工作非常重视，认为通过调研不仅可以摸清低温寒（冻）害的特点和规律，还能为云南热区开发热作资源提供重要的科学依据。农垦集团公司决定将此次寒（冻）害调研报告及相关资料汇编成一本完整的寒（冻）害技术资料

集，下发到垦区各热作生产单位的技术和管理人员手中，作为企业热作生产及开发的重要参考资料。

部分农场已在橡胶树及其他经济作物寒害较重的地段根据此次寒害调研所显示出的经济作物抗寒性强弱进行作物种植结构的调整。

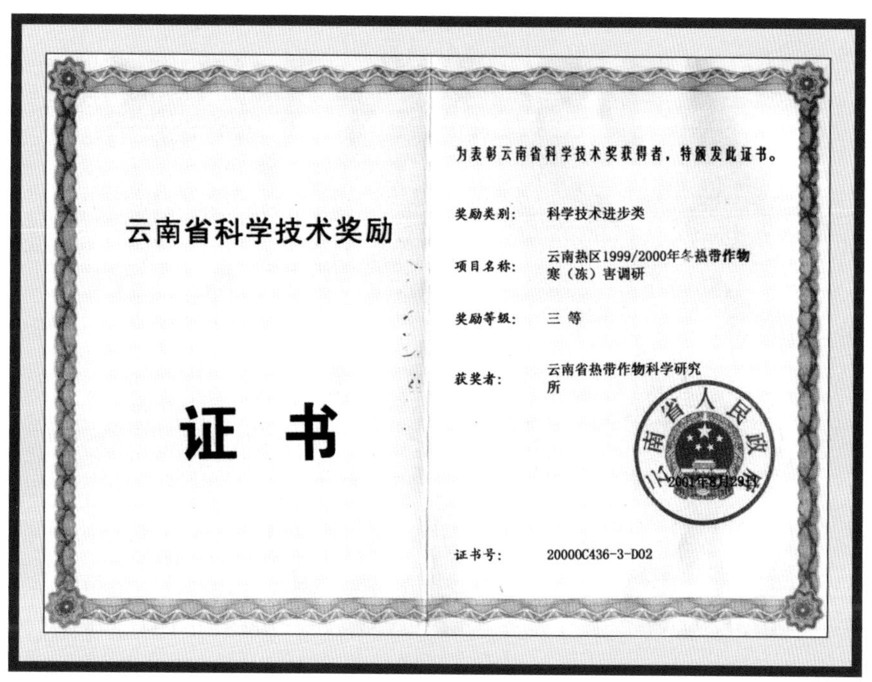

云南省科学技术奖励

证　书

为表彰云南省科学技术奖获得者，特颁发此证书。

奖励类别：　科学技术进步类

项目名称：　云南热区1999/2000年冬热带作物寒（冻）害调研

奖励等级：　三 等

获奖者：　云南省热带作物科学研究所

云南省人民政府

2001年8月29日

证书号：　20000C436-3-D02

澳洲坚果加工工艺及产品开发研究

主要完成单位 云南省热带作物科学研究所

主要完成人员 邹建云、古和平、郑文代、祝翱、朱明英、黄克昌、陶循臣

授奖级别 云南省科学技术进步奖三等奖

（2007年获西双版纳州科学技术进步奖二等奖）

授奖时间 2007年

成果简介 澳洲坚果果仁含油量高达65%～80%（主要成分为单不饱和脂肪酸），加工条件对其成分和品味的影响较显著，因此，良好的加工工艺技术和包装贮藏方式是提高产品质量、延长其商品货架寿命的关键，合理的加工处理也是提高产品附加值和产业经济效益的重要手段；通过开展该项研究，确定合理的澳洲坚果加工工艺和各项技术参数，开发出适合我国消费人群的澳洲坚果果仁食品，拓展澳洲坚果产品的消费市场，最终实现澳洲坚果加工的规模化和标准化生产，乃是保证该产业健康发展的重要因素之一；为此，云南省科技厅于2000年通过立项，2001—2005年，该所项目组按照合同要求开展了各项内容的研究工作，该项开发研究取得的主要技术成果如下。

确定了合理的澳洲坚果加工工艺和各项技术参数，制订了系统的质量控制措施，按此工艺和技术加工澳洲坚果，带壳果脱壳后的果仁回收率大于25%，整仁率大于60%，每加工1 t带壳坚果可获利润1万元以上。

在引进设备的基础上，根据工艺的要求，配套开发了澳洲坚果脱皮机、壳果分级机、壳果干燥筒仓、水浮选仁、壳分离机、果仁干燥系统、果仁分级机、果仁焙炒机等设备。

采用该工艺和技术已开发出焙炒果仁、焙炒加盐果仁、油炸果仁、油炸加盐果仁等4种成品果仁产品，也可根据用户的需求生产提供达到质量要求的澳洲坚果带壳果和生果仁产品，产品质量达到有关标准的要求，并且深受消费者的好评。

该项目研究了不同包装方式和处理对澳洲坚果果仁产品保值期的影响，确定了获得较长产品保值期的适宜包装方式和有效处理方法，果仁产品保质期大于12个月。制定了《澳洲坚果带壳果》（Q/RZJ 002—2006）、《澳洲坚果 果仁》（Q/RZJ 001—2004）、《澳洲坚果加工工艺技术规程》（Q/RZJ 001—2006）等和产品主要理化指标的检验方法。

该项目技术成果的产业化推广应用，必将为云南省的澳洲坚果产业创造显著的经济效益和社会效益。

云南省科学技术奖励

证书

为表彰云南省科学技术奖获得者，特颁发此证书。

奖励类别：科学技术进步类

项目名称：澳洲坚果加工工艺及产品开发研究

奖励等级：三等

获奖者：云南省热带作物科学研究所

云南省人民政府

2008年02月25日

证书号：2007HC291-3-D01

橡胶介壳虫综合防治技术研究及示范

主要完成单位　云南省热带作物科学研究所

主要完成人员　李国华、周明、阿红昌、刀学琼、王进强、张祖兵、吴忠华

授奖级别　云南省科学技术进步奖三等奖

（2009年获西双版纳州科学技术进步奖一等奖，2010年获云南农垦科学技术进步奖一等奖）

授奖时间　2010年

成果简介　成果主要内容及应用领域：完成橡胶盔蚧生物学特性、生活史及天敌资源调查及利用研究；筛选出6种防效在90%以上的杀虫剂；研制出2种热雾剂防效82%以上；提出橡胶盔蚧大田普查测报方法、防治策略及综合防治措施，提出综合防治措施在云南植胶区全面推广应用，成功遏制了橡胶盔蚧蔓延势头，降低了防治成本，挽回了经济损失。

成果主要创新点：本项目根据橡胶盔蚧为害特点和为害方式，结合气象、橡胶物候、天敌等因素，提出以化学防治、植物检疫、农业措施、生物防治为一体的综合防治技术。

成果知识产权情况：建立1套橡胶盔蚧综合防治技术。

经济和社会效益情况：该项目成果在云南植胶区全面推广应用，取得较好的经济社会效益；在西双版纳州，发生面积由2004年的61万亩降到2006年的34万亩，防治费用由1 028万元降到145万元，降低了防治成本；截至2009年底该项成果累计推广面积达104.08万亩，挽回经济效益30 033.23万元；采用多种形式实施人员培训，3年来培训各类人员9.4万多人次。

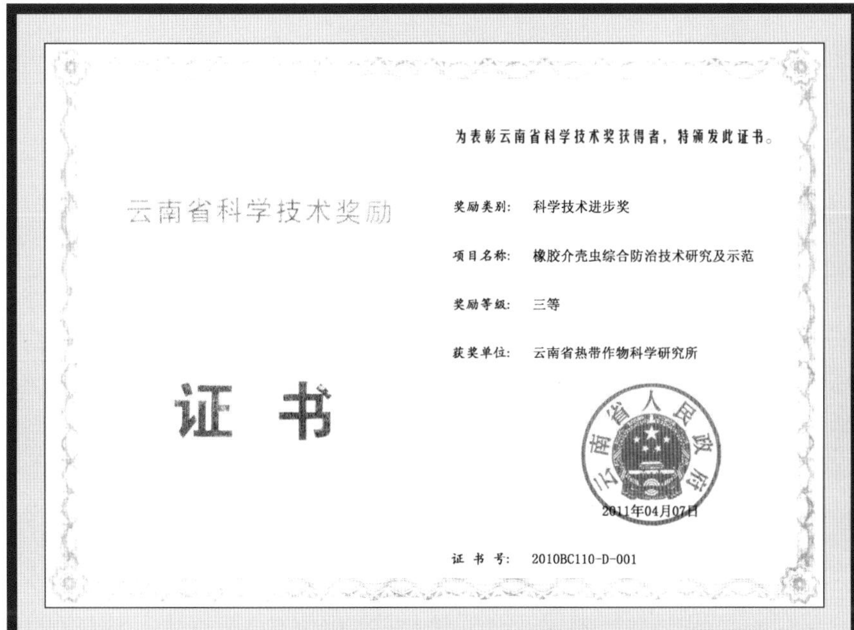

为表彰云南省科学技术奖获得者，特颁发此证书。

云南省科学技术奖励

证书

奖励类别：科学技术进步奖

项目名称：橡胶介壳虫综合防治技术研究及示范

奖励等级：三等

获奖单位：云南省热带作物科学研究所

云南省人民政府

2011年04月07日

证书号：2010BC110-D-001

西双版纳地区橡胶树胶乳的生理诊断

主要完成单位 云南省热带作物科学研究所

主要完成人员 肖再云、李明谦、何长贵、宁连云、刘忠亮、伍雪梅、和丽岗

授奖级别 云南省科学技术进步奖三等奖

（2006年获西双版纳州科学技术进步奖二等奖）

授奖时间 2011年

成果简介 该项目在国内率先建立云南植胶区胶乳生理参数数据库和云南西双版纳植胶区橡胶树‘RRIM600’和‘GT1’胶乳生理诊断标准参照值，并根据云南植胶区的特点形成一整套成熟的橡胶树胶乳生理诊断技术体系；利用此技术体系可以对橡胶树的健康状况进行实时监控，进而据此调整采胶强度，以有效降低因采胶强度不足造成产量损失或采胶过度造成橡胶树死皮增加的风险，使采胶生产在保持胶树健康的前提下实现最大化，达到科学可持续采胶的目的。成果可应用于天然橡胶采胶生产、橡胶树刺激剂和采胶方式的研发等领域。

成果主要创新点为在国内率先建立了云南植胶区橡胶树‘RRIM600’和‘GT1’胶乳生理诊断标准参照值，形成成熟的橡胶树健康状况监控体系。

云南西双版纳植胶区年均新增4～5级（胶树停割）死皮率为0.6%，推广胶乳生理诊断指导割胶，可使年均新增4～5级死皮率降为0.35%；年均采胶不足率为5.8%，推广胶乳生理诊断指导割胶，可使采胶不足率降低85%；可帮助提高橡胶农场、橡胶种植公司及个体种植户的采胶水平，提高其收入，为天然橡胶产业可持续发展提供技术支持。

为表彰云南省科学技术奖获得者，特颁发此证书。

云南省科学技术奖励

奖励类别：科学技术进步奖

项目名称：西双版纳地区橡胶树胶乳的生理诊断

奖励等级：三等

获奖单位：云南省热带作物科学研究所

证书

云南省人民政府

2012年01月19日

证书号：2011BC059-D-001

橡胶树气刺微割采胶新技术试验示范

主要完成单位 云南省热带作物科学研究所、云南天然橡胶股份有限公司东风分公司、云南天然橡胶股份有限公司勐满分公司

主要完成人员 李明谦、陈勇、魏小弟、校现周、张长寿、宁连云、雷建林

授奖级别 云南省科学技术进步奖三等奖

（2010年获西双版纳州科学技术进步奖二等奖）

授奖时间 2012年

成果简介 橡胶树微割采胶新技术的生产性应用研究，主要观测微割采胶试验的各项的生产性状，总结多年多点的生产性试验数据及实施情况，进行微割采胶新技术的生产性应用评价及生产管理方式探索，可应用于天然橡胶产业的割胶生产。

成果主要创新点为橡胶树气刺微割新技术采用乙烯气体刺激，短线割胶（≤5～10 cm），具有操作简单、割胶速度快、节约原生树皮、死皮较轻、割胶劳动强度低、显著提高劳动生产率等特点，是有效降低生产成本，提高割胶劳动生产率技术创新的关键技术和重要研究方向。发明创新橡胶树微割采胶新技术。基于橡胶树气刺微割采胶新技术具有显著提高劳动生产率的高效性，2010年，云南农垦气刺微割采胶新技术生产面积达到18 000多亩，增产干胶175.04 t，新增利润157.51万元，表现出良好的技术产业化推广应用前景；橡胶树气刺微割采胶新技术可以有效的减轻割胶劳动强度，深受胶工的欢迎，可以实现扩岗割胶，提高劳动生产效率，有效解决了企业胶工短缺的问题，并降低生产劳动成本，增加胶工的干胶产量和经济收入，带动职工增收、企业增效，成为社会安定团结、和谐发展的有利因素。

云南省科学技术奖励

证书

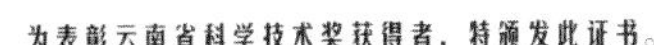
为表彰云南省科学技术奖获得者，特颁发此证书。

奖励类别：科学技术进步奖

项目名称：橡胶树气刺微割采胶新技术试验示范

奖励等级：三等

获奖单位：云南省热带作物科学研究所

证　书　号：2012BC050-D-001

云南山地胶园配方施肥技术示范推广

主要完成单位　云南省热带作物科学研究所

主要完成人员　李春丽、杨春霞、黎小清、丁华平、杨丽萍、陈永川、刘忠姝

授奖级别　云南省科学技术进步奖三等奖

（2014年获西双版纳州科学技术进步奖一等奖）

授奖时间　2015年

成果简介　在云南植胶区推广乙烯利刺激割胶以后，对西双版纳、普洱、红河、临沧植胶区不同的土壤类型、立地条件、营养管理水平的128万亩开割胶园进行普查，摸清了云南山地胶园土壤和橡胶树营养状况。根据橡胶树主要营养类型，研发了代表性营养类型的橡胶树专用肥配方并进行施用效果评价，确定了适合云南山地胶园正常型、缺氮磷型、缺钾型、缺镁型等4种橡胶树营养类型的主推专用肥配方。在云垦江城橡胶公司建立10.83万亩的橡胶树配方肥核心示范区基础上，11个橡胶农场累计推广施用129.13万亩。举办橡胶树营养诊断指导施肥和采样方法培训班21期，培训技术人员1 200余人次。

成果主要创新点为首次系统、全面地对云南植胶区120多万亩国有橡胶园的土壤及胶树进行养分状况普查，针对不同植胶区橡胶树养分状况，研发出具有代表性的橡胶树专用肥配方4种。

参与制定国家标准《橡胶树叶片营养诊断技术规程》（GB/T 29570—2013），申请国家发明专利“一种促进高产稳产的橡胶树专用肥及其施肥方法”（申请号201510332604.0）。

在云南主要植胶区推广应用“橡胶树营养诊断与配方施肥技术”139.96万亩，新增产值2.91亿元，辐射带动262.91万亩，提高了橡

胶树对症施肥的效果和肥料利用率，保持橡胶树高产、稳产态势下的营养均衡，增强了胶农科学施肥观念，发挥了科技对农业农村经济发展的支撑作用。

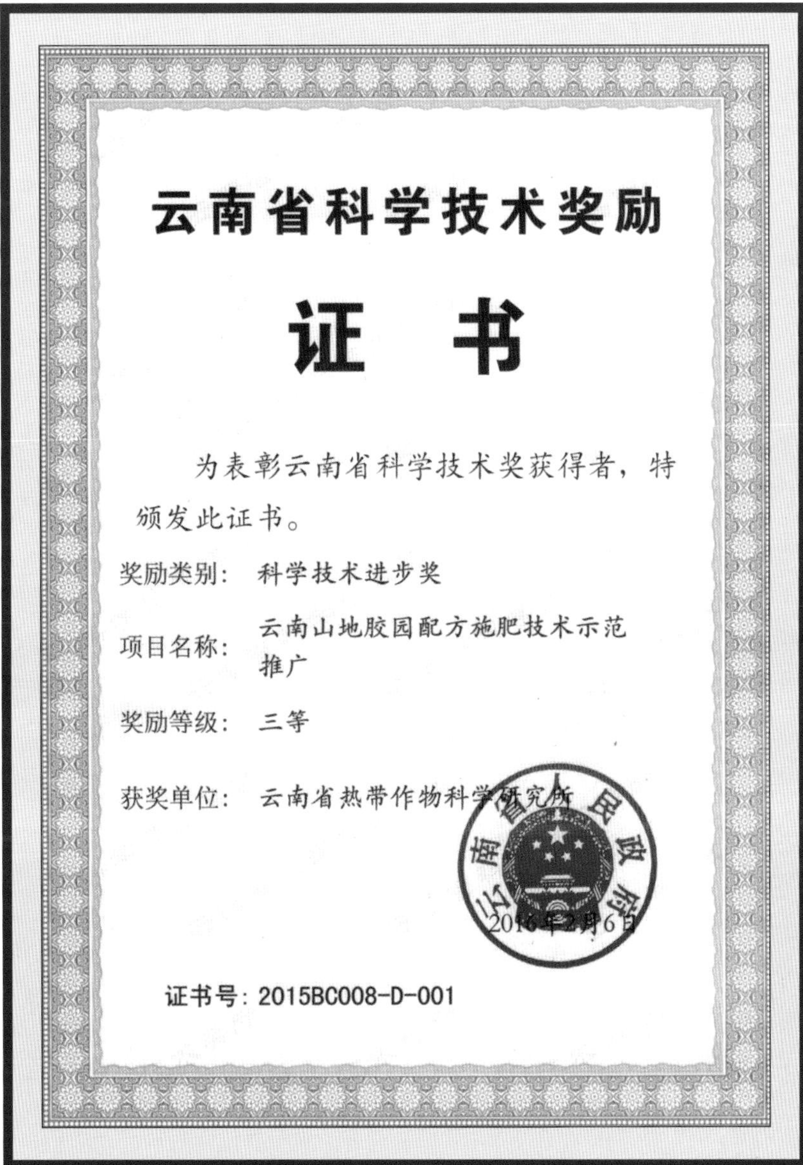

云南省科学技术奖励

证书

为表彰云南省科学技术奖获得者，特颁发此证书。

奖励类别：科学技术进步奖

项目名称：云南山地胶园配方施肥技术示范推广

奖励等级：三等

获奖单位：云南省热带作物科学研究所

云南省人民政府

2016年2月6日

证书号：2015BC008-D-001

暗褐网柄牛肝菌人工与仿生栽培技术研究及示范

主要完成单位 云南省热带作物科学研究所

主要完成人员 张春霞、何明霞、刘静、曹旸、高锋、许欣景、王文兵

授奖级别 云南省科学技术进步奖三等奖

授奖时间 2018年

成果简介 云南省热带作物科学研究所研发的暗褐网柄牛肝菌，是中国和世界食用菌界近年来研发出的唯一的可工厂化栽培的新品种，而且是食用牛肝菌家族中唯一一种可以进行人工栽培的种类。该成果适用于温室菇房栽培、大棚以及田间林下栽培。

成果主要创新点为云南省热带作物科学研究所菇房人工栽培可实现周年生产和供应，现有温室菇房，每个菌袋平均产牛肝菌鲜品100 g，而且出菇周期短，仅60～65 d，出菇整齐，产量稳定；而且收菇后的废菌渣还可以在田间经济果林下进行仿生栽培，实现果（林）菌双收。获得国家授权的发明专利5项，制定颁布云南省地方标准、企业标准和地方规范各1项。拥有日产1 000袋生产能力的菇房，年产值达140万元；在凤凰木林下进行仿生栽培，收益达4 200～6 600元/亩；在柚子林下进行仿生栽培，收益达3 000～4 000元/亩。该成果推广后，可雇佣农村剩余劳动力，部分解决社会就业问题，而且在农村推广田间仿生栽培，实现果实及牛肝菌的立体栽培模式，可大大增加农民收入，加快农村小康社会建设的步伐。

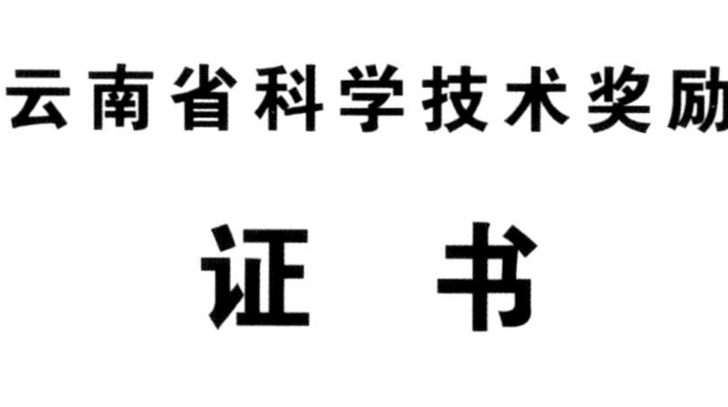

云南省科学技术奖励

证　书

为表彰云南省科学技术奖获得者，特颁发此证书。

奖励类别：　科学技术进步奖

项目名称：　暗褐网柄牛肝菌人工与仿生栽培技术研究及示范

奖励等级：　三等

获奖单位：　云南省热带作物科学研究所

云南省人民政府

2019年5月13日

证书号：2018BC076-D-001

三等奖

云南山地胶园生产管理与服务的信息化技术集成及应用

主要完成单位 云南省热带作物科学研究所、云南省气候中心、云南天然橡胶产业集团江城有限公司

主要完成人员 黎小清、陈桂良、李春丽、李国华、丁华平、余凌翔、陶建祥

授奖级别 云南省科学技术进步奖三等奖

授奖时间 2019年

成果简介 天然橡胶是重要的战略物资和工业原料，在国防建设、航空航天、汽车制造、医疗卫生等领域发挥着不可替代的作用。经过60多年的发展，云南已建成中国第一大天然橡胶生产基地，但在生产过程中，普遍存在施肥定量难、信息化管理水平低和胶农获取技术服务难等问题。项目立足云南山地胶园，综合集成多种信息化技术，在橡胶树精准施肥、橡胶园精准生产管理以及橡胶树栽培技术服务方面，取得以下创新成果。

首次应用3S技术建立了云南山地胶园养分管理数据库，综合考虑土壤类型、成土母质、胶园地形、植胶品种、割龄、管理单元、施肥情况，将云南16个植胶农场划分为5 030个诊断单位，并对各诊断单位进行GPS定位采样分析；综合利用GPS采样点、高分辨率遥感影像、土地利用现状数据等基础地理数据，完成了云南16个植胶农场胶园诊断单位的数字化，并收集品种、割龄、施肥、养分等信息，建立了云南山地胶园养分管理数据库，数据库共计22万余条信息。建立了适合云南山地胶园的橡胶树精准施肥决策模型和技术体系。基于建立的云南山地胶园养分管理数据库，综合考虑胶园土壤类型、橡胶树品种特性、养分拮抗关系、施肥历史等信息，并结合多年的田间试验，研发出种施肥配方，依

据橡胶树叶片营养元素丰缺隶属函数，建立了适合云南山地胶园的橡胶树施肥决策模型；开发出1套橡胶树施肥信息管理系统，构建起以营养诊断指导施肥技术为核心的云南山地胶园橡胶树精准施肥技术体系，实现了橡胶树施肥的精准化、智能化和网络化。

首次构建了基于树位的橡胶园精准生产管理信息平台；针对橡胶生产日常管理的业务需求，以树位为最小空间管理单元，建立了橡胶园信息管理数据库，研发了生产计划智能决策模型，构建了橡胶园精准生产管理信息平台，具备胶园信息查询、生产计划编制、苗木管理、施肥管理、割胶产量数据管理、割胶技术评定、胶工管理、产量对比分析、生产计划完成情况评估、报表统计等多种功能，实现了橡胶生产管理业务的流程化、信息化、网络化和规范化管理。基于智能终端移动平台，建立了面向农户的橡胶树高效生产信息化技术服务体系；将智能终端客户端和微信公众平台相结合用于专家指导胶农生产，开发橡胶树栽培技术服务系统，建立了以微信公众号交互平台、专家支持系统、WAP网站、橡胶树栽培管理综合知识库为主要内容的橡胶树高效生产信息化技术服务体系，实现了农户与专家的精准对接，以及专家对农户的一对一远程精准技术服务，创新了农业技术推广和服务的模式与渠道，提升了橡胶生产科技服务的水平和效率。

该项目获得计算机软件著作权5项，出版专著1部，发表学术论文9篇，获得授权实用新型专利2件；项目成果在2017—2018年累计推广应用113.2万亩，增产干胶4 798 t，干胶按1.2万元/t计，新增产值5 757.6万元，经济、社会效益显著，实现了橡胶树生产的高产高效，促进了天然橡胶产业的可持续发展，为云南热区边疆稳定、农民增收、企业增效等方面作出了重要贡献。

三等奖

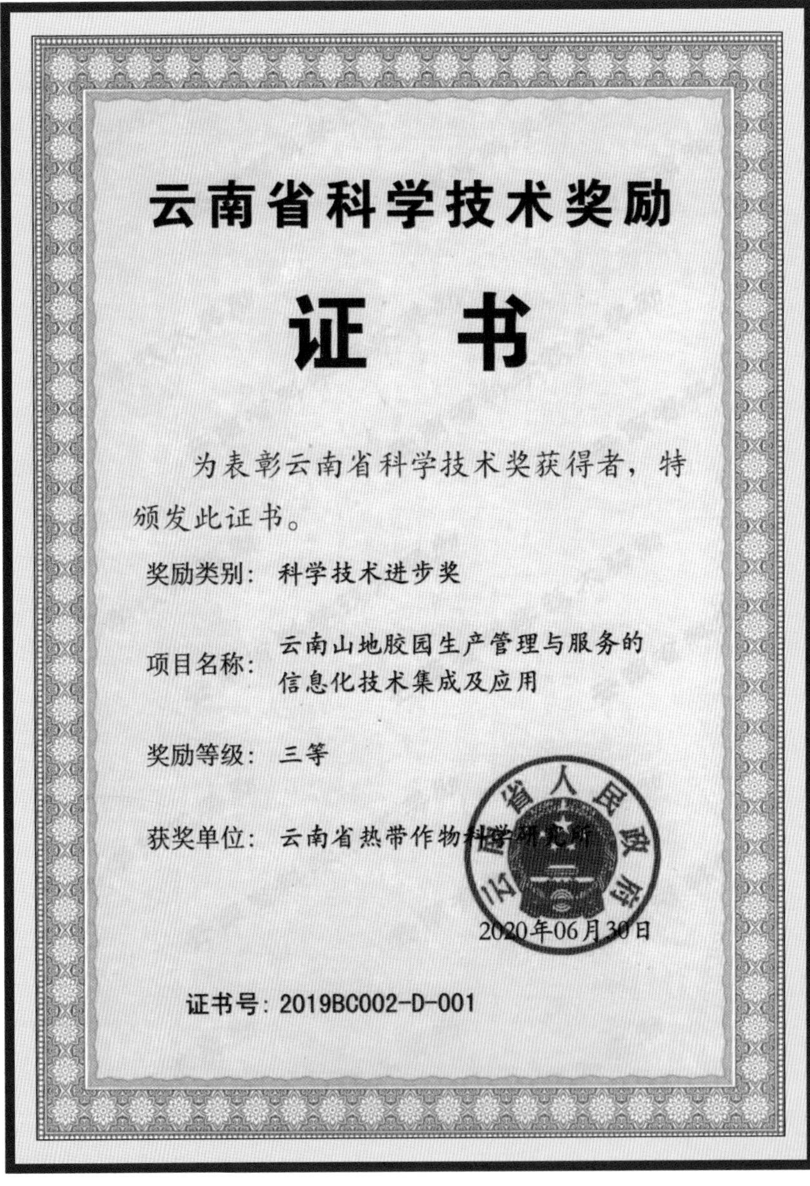
云南省科学技术奖励

证书

为表彰云南省科学技术奖获得者，特颁发此证书。

奖励类别：科学技术进步奖

项目名称：云南山地胶园生产管理与服务的信息化技术集成及应用

奖励等级：三等

获奖单位：云南省热带作物科学研究所

2020年06月30日

证书号：2019BC002-D-001

云南山地胶园重要病虫害农药减施技术研究与集成应用

主要完成单位 云南省热带作物科学研究所、云南省德宏热带农业科学研究所、云南省红河热带农业科学研究所、勐腊县橡胶技术推广站

主要完成人员 蔡志英、王进强、钏相仙、段波、王树明、刘一贤、张永科

授奖级别 云南省科学技术进步奖三等奖

授奖时间 2020年

成果简介 天然橡胶是关系国计民生的基础产业，也是重要的战略物资，广泛用于航天、汽车、飞机轮胎和医疗卫生等领域；随着经济和社会的发展，我国天然橡胶需求量正逐年快速增长；云南已成为中国种植面积最大、产胶最多、单产最高的优质天然橡胶生产基地，天然橡胶产业已成为云南农业的特色和优势产业。在橡胶树病虫害多发重发频发的严峻形势下，农药对病虫害防治作出了重要贡献，然而，过量和不能合理、适时、对症用药，农药利用率不高，带来了农药残留毒性、病虫抗（耐）药性上升、次要病虫害大发生、环境污染和生态平衡破坏等一系列问题，严重威胁着云南省植胶生态环境安全；因此，迫切需要加快改变对农药过分依赖的传统技术方式。项目依托农业农村部南亚热作专项、云南省财政项目、云南省应用基础研究计划面上项目、云南省应用基础研究计划青年项目及云南农垦科技计划等项目；在稳产增产前提下，大力发展农药替代技术及相关产品研发，促进传统化学防治向现代绿色防控的转变，减少生产中化学农药的投入使用，实现农业生态环境保护相协调的可持续发展，促进胶农节本增效。主要内容及创新点如下。

建立、完善橡胶林病虫害风险预警体系：监测到橡胶树新记录病害

13种、寄生藻1种、害虫2种、天敌2种。通过橡胶林病虫害风险预警体系及时发布监测预警信息，指导病虫害适时、精准防治，降低施药次数和农药用量，降低防治成本。

形成了云南山地胶园重要病虫害农药减施技术：首先，通过使用多种单剂复配多组分、广谱性新复方药剂，结合云南山地胶园白粉病短期动态预测技术，提出白粉病防治农药减施、增效技术措施，施药量减少75%～85%，用工量减少50%；明确了云南山地橡胶园橡胶盔蚧的本地、优势寄生蜂——优雅岐脉跳小蜂的生物学特性及人工繁殖技术，在田间应用优雅岐脉跳小蜂防治橡胶盔蚧并示范，为橡胶盔蚧的防治提供了新的技术选择，进而摸清橡胶树新害虫油桐尺蛾生物学特性和时空分布特点，并根据其特性探索出有效的控害措施。

从云南山地橡胶园土壤中获得防治橡胶树病害的生防放线菌，明确了作用机理和发酵工艺，获得生防菌剂初试产品2种；丰富了橡胶树病害的防治药剂，为化学农药减施提供了新的储备产品。

云南省科学技术奖励

证　书

为表彰云南省科学技术奖获得者，特颁发此证书。

奖励类别：科学技术进步奖

项目名称：云南山地胶园重要病虫害农药减施技术研究与集成应用

奖励等级：三等

获奖单位：云南省热带作物科学研究所

2021年06月02日

证书号：2020BC012-D-001

项目获授权发明专利2项，实用新型专利3项；发表论文53篇，SCI收录11篇；出版专著1部；累计培训13 777人，发放资料8 921份，培养植保员及机具操作能手200人；建成橡胶树重要病虫害监测及防治示范基地9个；项目成功应用于26家单位，推广面积603.73万亩，减施农药2 073.75 t，节支增收26 012.05万元，经济、社会效益十分显著。

霉疫净粉剂防止橡胶树割面条溃疡试验研究

主要完成单位 云南省热带作物科学研究所植保室、西双版纳州农垦分局

主要完成人员 集体

授奖级别 云南省科研成果奖四等奖

授奖时间 1982年

成果简介 1979年，从上海农药所和上海农药厂引进国产农药霉疫净作防治橡胶树割面条溃疡病试验，经3年室内外药效测试，在农场和云南省热带作物科学研究所共19个生产队124 264株胶树试用防效一般可达80%以上，优于对比农药溃疡净或赛力散。割面无不良反应，产胶正常。

1. 药效试验

割面接种防效方面，有效浓度测定选用40%可湿性粉剂，兑水稀释含有效成分0.2%、0.4%、0.8%和1.2%的水悬液，平均相对防效分别为49.5%、79.1%、89.7%和95.2%，以0.8%和1.2%霉疫净的效果最佳；对照农药0.5%溃疡净防效为71.1%。选定1%的浓度作为大田生产使用浓度。

残效测定：0.8%～1.2%霉疫净，在正常割胶情况下，涂药后第三刀（5 d）防效仍有60%以上；溃疡净涂药后第三刀则基本无效。

人工模拟耐雨性能测定：割面涂药后用500 mL清水喷淋，1%霉疫净平均防效95%；0.5%溃疡净为34.9%。

药液内吸渗透性能方面，胶苗根部内吸输导用2 000 mg/L霉疫净和10 mg/L瑞毒霉（Ridomil）水溶液浸泡胶苗根部（对照用清水），两种农药均可通过胶苗根部吸收传导到叶部，用菌块接种叶片能使叶片免受疫霉菌侵染。

割口内吸渗透性：用1%霉疫净水悬液涂割口，48 h后剥离割口皮层，在内皮层接种菌块，致病性很弱；未涂药的皮层则严重感病。

病斑治疗效果：冬前用3%霉疫净水悬液湿敷12个病斑，翌年开春后观察全部治愈；用1%溃疡净凡士林涂敷27个病斑，只有3个病斑治愈；对照（不涂药）6个病斑全部扩展。

2. 大田防治试验

在小区试验中，1%霉疫净平均防效为86%，0.5%溃疡净为68.5%，霉疫净优于溃疡净。在生产性对比试验中，38个树位的平均病情指数霉疫净为0.71，溃疡净为1.34，经统计分析，差异极显著。在大田117 000多株胶树上试用，停割时抽查19 000多株，平均病情指数为0.77，施用赛力散的16 000多株树，平均病情指数为0.89。

经生产树位使用，对产胶量无不良影响。在低温阶段，用高浓度（5%）药液每刀涂药，割面正常，翌年开割复查，割面完好，排胶顺畅。

荣誉证书

为表扬在我省一九八二年度科学技术工作中作出贡献者，特颁发此証书，以资纪念。

受奖项目：霉疫净粉剂防止橡胶树割面条溃疡试验研究

完成单位：云南省热作所植保室

奖励等级：科研成果四等奖

云南省人民政府

一九八三年十二月

橡胶种子油的综合利用研究

主要完成单位 云南省热带作物科学研究所综合利用研究组

主要完成人员 集体

授奖级别 云南省科学技术成果奖

授奖时间 1978年

成果简介 橡胶种子油是橡胶树的副产品，国外研究多限于在工业上的用途。国内20世纪50年代末，华南热作所曾对该油食用作过初步研究。近年来，项目组在此基础上进一步研究了橡胶种子油的精炼技术及精炼油的食用价值。结果表明，精炼的橡胶种子油可以作为食用油，并有防治高脂血症的效果。

精炼技术：榨出的毛油用一定浓度、一定量的氢氧化钠中和油内游离脂肪酸，生成钠盐下沉，得上部的清油经热水洗涤数次，加温脱水，过滤即得精油。碱炼以10%～15%NaOH（用量按毛油酸值计）温度55～60℃，油温度50～55℃，油边搅拌边喷入碱液，加碱完毕继续搅拌至油、皂分离。洗涤时油温95℃，每次以占油量10%～20%沸水反复喷洗数次，达到洗去油内的残留肥皂。脱水、过滤时油温控制在120～130℃，持续加温至油内水分脱净，最后经过滤得精油。

成分分析：精炼油含饱和脂肪酸17.2%，不饱和脂肪酸82.8%，其中，亚油酸占36.1%，亚麻油酸20.4%。其他成分含量：不皂化物1.28%～1.61%，橡胶0.2%～0.23%，磷脂0.25%，氰化物0.1 mg/L（安全允许范围之内），黄曲霉毒素<1 μg/L（安全允许范围之内），强心苷痕迹，重金属砷0.4 mg/L，铅、汞和有毒生物碱未检出。

食用动物试验用大、小白鼠383只。试验结果表明，橡胶种子油营养价值相当于大豆油和花生油，长期食用精炼橡胶种子油对试验动物的生长、发育、繁殖、肝功能、血清蛋白、血钙等均无不良影响。形态学解剖检查，肝、肾、心、肺、主动脉、胃、大小肠、肠系膜的淋巴结组织及部分生殖泌尿系统、脑组织等均未发现有特殊病变。对细胞遗传学观察结果，无潜在遗传学危害的表现。

动物排胶试验：精炼油内含有0.2%～0.23%的橡胶，经动物实验证明，食用后其橡胶可随粪便排出体外，动物粪便中纯胶回收率达96.15%。

人群普查：对长期食用橡胶种子油5年以上和未吃橡胶种子油工种类似的人群共1 041人，进行高脂血症防效和健康状况普查，结果表明，长期食用橡胶种子油对身体未显示有害的影响，且高脂血症患病率显著下降。

奖状

为表扬在我省科学技术工作中作出贡献者，特颁发此奖状，以资鼓励。

受　奖　者：云南省热作所综合利用研究组

合作完成的成果：橡胶种子油的综合利用研究

中共云南省委员会

云南省革命委员会

一九七九年

橡胶加工工艺改革——快速凝固技术

主要完成单位　云南省热带作物科学研究所橡胶加工组

主要完成人员　集体

授奖级别　云南省科学技术成果奖

授奖时间　1978年

成果简介　1970年以来，首先对国内外介绍的加速凝固剂进行筛选，发现由醋酸、氯化钙和橡胶籽油皂组成的复合凝固剂，其凝固速度可以使胶乳凝固工序实现连续化。而后根据连续生产胶片的要求，研究相应的工艺条件和制胶设备，并在北京橡胶工业研究院、桦林橡胶厂、青岛橡胶二厂、上海轮胎二厂、景洪农场等单位的协作下，对快凝制胶工艺的适应性、快凝胶的质量和使用性能进行长期深入的研究，取得如下结果。

1. 工艺和设备

凝固剂：胶乳在正常干胶含量范围内（25%～40%）和低氨（0.08%以下）保存条件下，采用冰醋酸0.8%～1.8%，氯化钙0.1%～0.3%和橡胶籽油皂0.2%～0.4%（均按干胶重量计），可使胶乳凝聚速度达到30 s，凝固时间缩短至3 min。

凝固：胶乳的适宜凝固浓度为25%～30%，橡胶籽油皂可预先加入混合池与胶乳混合均匀，醋酸和氯化钙的配合根据胶乳pH值和季节作调整，分为10：1.4、10：1.5、10：1.6。胶乳和凝固剂分别流经稳流器后进入混合器，凝固pH值4.8～5.1，凝聚速度30～40 s，凝块均匀、光滑、无裂口、压片无白水。

传送胶带：传动中心长（m）×内宽（cm）×深（cm）=16.6×28×3；传送速度：3.0 m/min、5.0 m/min、8.0 m/min（三速）；传递功

率：2.8 KW；搅拌速度：250 ~ 300 r/min；搅拌功率：380 W；生产能力：2 × 450、2 × 750、2 × 1 200 kg/h（二带）。

2. 快凝胶质量

化学成分：快凝胶片经适当浸水后、化学成分达到《橡胶工业原材料技术条件》一级胶指标。

加热减量：0.26%；

灰分：0.18%；

水溶物：0.20%；

丙酮抽出物：3.54%；

铜含量：无；

锰含量：痕迹；

氯化钙含量：0.039%。

上述快凝胶胶样凝固剂用量为氯化钙0.296%，醋酸1.86%，橡胶籽油皂0.4%。

混炼胶性能：混炼胶硫化速率主要受胶料水溶物含量影响。快凝胶通过适当浸水处理，控制水溶物含量小于0.6%，可以得到正常的焦烧时间和硫化性能。另外，通过调整硫化体系（例如纯胶配合中用促进剂CZ代替M，并降低硫黄用量）也能达到延长焦烧时间的目的。

硫化胶物理性能：多次室内试验证明，快凝胶纯胶配方、胎面配方和实用生产配方等综合物理性能均不低于常规凝固之同类烟胶片和标准胶。

生胶贮藏性能：快凝胶烟片贮存两年后和常规烟片化学成分比较没有显著变化，理化指标均超过《橡胶工业原材料技术条件》一级胶指标，贮后的耐热氧老化性能不比贮前差。贮存10年半后的快凝胶烟片理化性能明显优于相同贮存条件的常规凝固胶烟片，自然贮存胶老化的主要特征之一是丙酮抽出物显著下降，前者保留率约77.1%，而后者仅为37.3%。

里程试验：快凝烟片胶试胎和快凝标准胶试胎在使用里程、累计磨耗和翻新率方面，均接近常规凝固之同类胶试胎。快凝胶试胎的平均使用里程可达75 778 km、平均累计磨耗为5 942 km/mm。

3. 生产应用结果

快速凝固工艺应用于中小规模制胶厂，经长期扩大试验证明是成功的，可以减少基本建设费用，改善劳动条件，提高工效，降低成本，平均每吨橡胶加工成本节省30元以上，一级胶等级率约提高3%。至1981年，全省采用快凝工艺的制胶厂已达26个，产胶11 259 t，占全省当年总产量的57%。

快速凝固应用于标准胶生产线，可以大大提高机械化和连续化水平，缩短生产周期，提高设备利用率，其经济效益也将随快凝标准胶工艺的逐步完善而提高。

奖状

为表扬在我省科学技术工作中作出贡献者，特颁发此奖状，以资鼓励。

受奖者：云南省热作所橡胶加工组

合作完成的成果：橡胶加工工艺改革—快速凝固技术

中共云南省委员会

云南省革命委员会

一九七九年

金鸡钠树栽培技术的研究

主要完成单位 云南省热带作物科学研究所惠民农场

主要完成人员 集体

授奖级别 云南省科学技术成果奖

授奖时间 1978年

成果简介 金鸡钠树为茜草科（Rubiactae）金鸡钠属（*Cinchona*）植物，树的干皮、枝皮和根皮可提取奎宁，是一种重要的药用植物。1968年，云南建立惠民农场，进行大面积生产栽培，为此进行了育苗技术研究，及时为生产提供大量种苗。同时，还进行了小苗芽接试验，选取含霜量高的母树采芽条，繁殖了大批芽接苗上山定植。

直播育苗：金鸡钠种子细小，需使用过筛森林腐殖质土作直播苗床上5～10 cm厚的表土层和盖种土。直播苗床荫棚应具侧帘和活动前帘、顶不漏水的偏厦形荫棚，开口向东忌向西。移植圃搭漏水、透少量光的平顶偏厦形荫棚。种子发芽率在80%以上者，每平方米面积内播1.5～2 g种子，可出苗1 500～2 000株，供移苗500～800株。发芽率低于60%者酌情增加播种量。种子播种前在沙床催芽5～11 d（具体视催芽季节和床温而定），当少数种子发芽露白点时取出播种。种子催芽前用0.01%高锰酸钾溶液，或0.2%五氯硝基苯溶液，或0.02%赤霉素液没种6 h，可促进发芽，提高发芽率30%以上，同时还可灭菌。经催芽的种子与过筛腐殖土或木屑混匀，均匀播下。盖种应薄而均匀（约厚0.1 cm，盖后床面隐约可见少量种子）。种子应贮藏于具有吸湿剂的密封干燥瓶内，置于阴凉处。当吸湿剂开始变色时，取出种子在温和的阳光下晾晒1～2 h，同时更换吸湿剂。此法可保存两年仍有较高的发芽率。播种后至三叶期须用喷雾器喷水，少量多次。以后可改用细眼喷壶淋水，水量以保持苗床土壤湿润为宜。

根据苗龄、长势适时调节直播床内的光、湿度。播后至50%的苗展子叶时，晴天上、下午各喷水1次，阴雨天全天喷1次，喷水时打开前帘。苗出齐后每日喷水1次，雨天可隔日喷。晴天夜间至上午9时前打开活动前帘，风雨日应关闭之。当幼苗覆盖床面、苗高5 cm左右时可除去前帘，以增加光照，使苗健壮。

防治病虫害：直播苗圃避免连作。及时处理中心病区，清除病苗和带菌土，并用0.5%波尔多液或五西合剂消毒。视不同苗龄，对幼苗定期喷0.2%～0.5%等量式波尔多液，防治幼苗疫病和立枯病。及时除草和间苗移植，以改善苗层内的通透性。

小苗芽接：用10个月生实生苗作砧木，选含霜量高的母树取芽条，采用普通芽接法芽接，解绑成活率在80%～100%，以春秋两季芽接较好（春季芽接时，对取条母树和砧木都要浇水，以利剥皮）。芽接成活切干后1个月抽芽率可达25%以上，两个月后基本抽齐。抽芽后10个月生的芽接苗平均高72.2 cm，至粗0.78 cm，生长量与同龄实生苗相近。

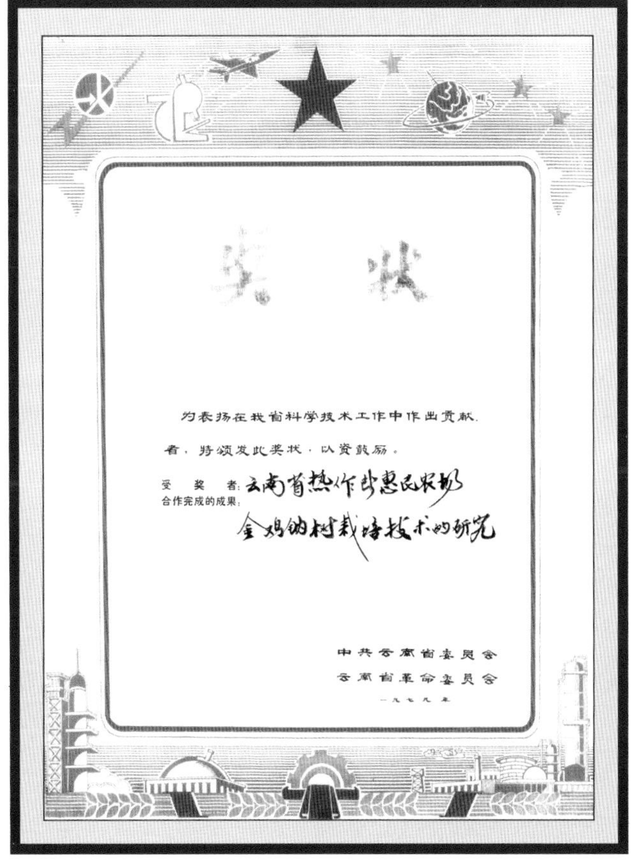

奖状

为表扬在我省科学技术工作中作出贡献者，特颁发此奖状，以资鼓励。

受奖者：云南省热作所惠民农场

合作完成的成果：金鸡纳树栽培技术的研究

中共云南省委员会

云南省革命委员会

一九七九年

景洪地区橡胶白粉病预测预报

主要完成单位 云南省热带作物科学研究所植保组白粉病课题小组

主要完成人员 集体

授奖级别 云南省科学技术成果奖

（1979年获西双版纳州科研成果奖四等奖）

授奖时间 1979年

成果简介 橡胶白粉病是橡胶树叶部主要病害之一。流行年份造成大量落叶，严重影响割胶，也为害花序，使种子减产。1963年以来，在景洪坝区对该病流行规律进行了长期研究，1976年，用数理统计方法，对多年的资料分析整理，得出越冬期最冷月平均温度与最终病情指数级值，病害始见期抽叶量与最终病情指数相关均非常显著，从而推导出中期和短期测报的经验方程式，用于指导景洪坝区白粉病的防治，效果良好。

中期预测预报：在胶树抽叶前，预测大区病害流行趋势，以指导防治前的准备工作。以X为越冬期最冷月平均温度，Y为病害流行强度预测值，则Y随X变化的直线回归方程式为

$$Y=1.38X-17.77$$

当X大于15.5℃时，当年白粉病将中度或严重流行；X小于14.7℃时为轻病年；X在14.7～15.5℃时，为轻或偏中病年。若允许估测误差为最终病情指数级值±1，用上式回报1963—1976年的病情，13年中有9年准确，准确度为77%；预报1977—1979年的病情，3年均准确，准确度为100%。

短期预测预报：在胶树抽叶后，根据病害发生和胶树物候状况预测病害严重度，以确定喷粉防治的必要性及时机。

严重度预测：以X为多点病害始见期抽叶量（%），Y为大区最终病情指数，其回归方程式为

$$Y=54.48-0.49X$$

当X小于30%及30%～60%时，预计最终病情指数分别为大于40（重病）和25～40（中病），必须喷粉防治；X为60%～70%时，病情轻或偏中（指数20～25），只需对晚抽叶植株喷粉防治；X大于70%时，则病害轻，不必喷粉。

上式也适用于小区最终病情指数的预测。

应用此公式回报历年大区病情，8年中有7年准确，准确度为88%；预报1977年、1978年病情，则完全准确。预报1977年和1978年小区病情，其准确度分别为78%和92%。但1979年，在抽叶发病期，高温干旱抑制病害发展，坝区海拔600 m以下林段，预报不准确。

喷粉时机预测和防治效果：在正常年份预测最终病情指数25～40的中病林段，于病害始见期后8～12 d全面喷粉1次，即可将最终病情指数控制在20以下，4～5级病株控制在2%以下；预测最终病情指数可达40以上的重病林段，尚需于第1次喷粉后10 d左右再第2次全面喷粉，才能收到良好效果。若第1次喷粉时机延误至病害始见期17 d以后才喷粉，则防治无效。

奖状

为表扬在我省科学技术工作中作出贡献者，特颁发此奖状，以资鼓励。

受奖者：云南省热作所植保组白粉病课题小组

合作完成的成果：

完成的成果：景洪地区橡胶白粉病预测预报

中共云南省委员会

云南省革命委员会

一九七九年

23-16农用抗菌素防治橡胶树割面条溃疡病研究

主要完成单位　云南省热带作物科学研究所植保组23-16农控课题组

主要完成人员　集体

授奖级别　云南省科学技术成果奖

授奖时间　1979年

成果简介　与中国农业科学院原子能利用研究所、四川抗菌素工业研究所等单位协作，开展本项研究。通过室内药效测定、植株接种试验、大田扩大试验（1976年，8万余株）和生产性防治试验（1977年，45万株），结果表明，用200单位K酵母效价或500单位黑曲效价的浓度，在病害流行季节每割1～2刀涂1次，防效可达70%以上，与对照农药0.5%溃疡净或3%赛力散水悬液的防效相似。使用安全，试验中未发生人畜中毒事故。在规定使用浓度下对割面和产胶无不良影响，但使用含铁离子较高的样品时，割面较暗黑。来源不同的样品，防效差异较大。

1. 割面接种防治试验

防效测验：4年测试，未经提纯的23-16浓缩液或膏剂，稀释至100～200单位（K酵母）时，防效均达90%以上；诱变菌株C-28浓缩液，只需50单位，防效就达86%以上，均超过或相当于0.5%溃疡净。但经提纯的23-16（B），在500单位下防效只有63.5%，比溃疡净差。

控制初侵染测验：割面接种后3 h内喷施200单位23-16，可完全控制病菌侵染；接种后24 h喷药，则基本无效。

2. 大田防效试验

小区试验：与溃疡净比较（14个重复区组），平均防效200单位23-16为83.2%，0.5%溃疡净为74.5%。与赛力散比较（13个重复区组），平均防效23-16为66.7%，赛力散为65.3%，其防效与两种农药接近。

生产性试验：1976年，在西双版纳各农场39个生产队325个树位试验，停割时抽查251个树位（30 000余株胶树），23-16和溃疡净的发病指数分别为1.22和1.86；与赛力散比，发病指数分别为2.42和2.70。1977年，试验区扩大到43个生产队2 358个树位，停割时大面积抽样调查，23-16发病指数4.87，溃疡净发病指数3.99。与赛力散比，发病指数分别为3.29和3.72，两年结果相似。试验中，胶工反应使用安全，无中毒事故。1978年、1979年农药质量较低，防效较差。

奖状

为表扬在我省科学技术工作中作出贡献者，特颁发此奖状，以资鼓励。

受奖者：云南省热作所植保组23-16农抗课题组

合作完成的成果：23-16农用抗菌素防治橡胶树割面条溃疡病研究

中共云南省委员会

云南省革命委员会

一九七九年

橡胶抗性高产品系的选育

主要完成单位 云南省热带作物科学研究所育种组

主要完成人员 集体

授奖级别 云南省科学技术成果奖

授奖时间 1979年

成果简介 初步筛选出一批具有高产中抗的无性系和高产中抗的有性系，推荐试种。

推荐生产种植的品系有两个，一个为无性系‘云研277-5’，一个为有性系‘云研1号’。推荐用无性系‘GT1’及‘RRIM623’的自然种作砧木，以防因寒害而使“烂脚”。推荐生产试种的无性系有4个，即为‘云研258’‘云研191’‘云研68-209’‘云研68-11’。

奖状

为表扬在我省科学技术工作中作出贡献者，特颁发此奖状，以资鼓励。

受奖者：云南省热作所育种组
合作完成的成果：

完成的成果：橡胶抗性高产品系的选育

中共云南省委员会
云南省革命委员会
一九七九年

橡胶种子油对大白鼠高脂血症的影响的研究

主要完成单位 昆明医学院、云南省热带作物科学研究所

主要完成人员 集体

授奖级别 卫生部科学技术成果奖

授奖时间 1980年

成果简介 近10年来，用多价不饱和脂肪代替饱和脂肪作为防治高脂血症和动脉粥样硬化、降低心脏病死亡率的一种主要方法，也是促使动脉粥样硬化病变消退的一种可能途径。橡胶种子油是一种富含不饱和脂肪酸，可供长期食用的植物油。1975—1976年，研究人员发现正常大白鼠长期食用橡胶种子油后，有血脂下降倾向，现场调查证明，长期食用橡胶种子油的人群中高脂血症的发病率明显低于同地区食用其他油脂者。用橡胶种子油治疗高脂血症也有良好疗效。

为了进一步证实橡胶种子油的降脂作用，用家兔和大白鼠进行研究，1975年起，先后在动物实验、临床观察及现场调查中证明了橡胶种子油具有降脂作用，本实验证明，橡胶种子油能减轻高脂饲料所致蛋血脂上升幅度，提示它对高脂饲料所诱发的实验性高脂血症有一定预防作用，同时，橡胶种子油还可加强低脂饮食的降脂作用，为用橡胶种子油治疗高脂血症提供了进一步的实验根据。

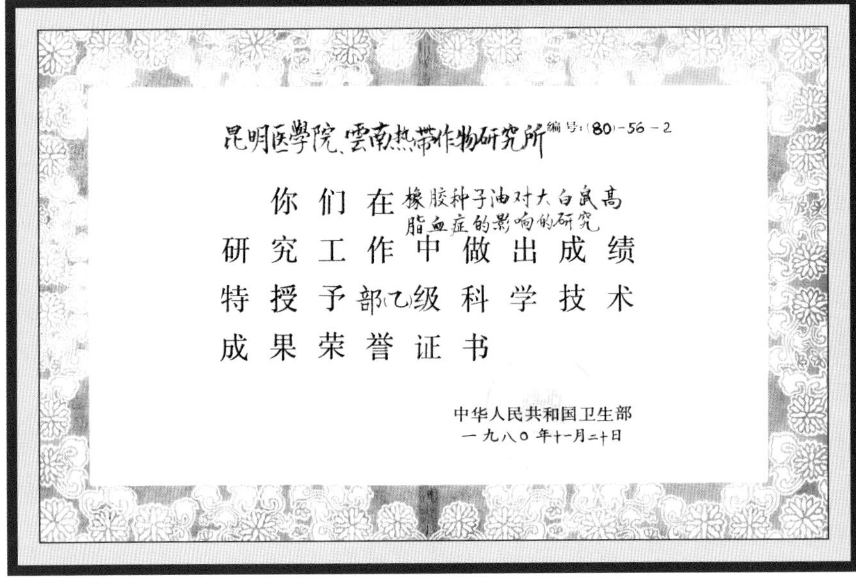

昆明医學院、雲南热带作物研究所 编号：(80)-56-2

你们在橡胶种子油对大白鼠高脂血症的影响的研究研究工作中做出成绩特授予部(乙)级科学技术成果荣誉证书

中华人民共和国卫生部
一九八〇年十一月二十日

橡胶芽接树割胶制度改革开发性试验

主要完成单位 广东省农垦总局生产科技处、华南热带作物研究院橡胶研究所、云南省热带作物科学研究所、海南省农垦总局热作林业处

主要完成人员 李乐平、许闻献、敖硕昌、罗伯业、魏小弟、陈云华、朱新仰、林子彬、梁泽文

授奖级别 国家技术开发优秀成果奖

授奖时间 1988年

成果简介 该项目是在前期研究乙烯利刺激割胶的基础上，针对我国20世纪60年代和70年代初大量种植的‘PR107’‘GT1’和‘PB86’已进入中龄期，正处于刺激最佳时期，为了挖掘这些中龄芽接树的产胶潜力，由农业部农垦局组织有关单位共同协作开展的。该技术采用低频、短线、少药、浅割、轮换、增肥、动态分析等措施，按地区特点，推广5种新型刺激割胶制度，通过多因子综合调控，大多数刺激割胶制度在比对照减少28%～48%割次的情况下，干胶极显著高于对照，增产率达20%左右，单株年增产干胶0.6～0.8 kg，省皮20%～40%，省工30%，减少了胶树的割面病害，增加了胶工的收入，取得了显著的经济效益和社会效益。该技术具有我国特色，达到国际同类技术先进水平，适用于我国各植胶区，推广对象为15龄以上正常的橡胶芽接树‘PR107’‘GT1’和‘PB86’及其他耐刺激品系。

国家技术开发优秀成果

证　书

云南省热带作物科学研究所：

授予你单位《橡胶芽接树割胶制度改革开发性试验》为技术开发优秀成果。特此表彰。

国家经济委员会

一九八八年三月

热带基诺山区科技开发

主要完成单位 西双版纳州科学技术委员会、中国医学科学院药用植物研究所云南分所、云南省热带作物科学研究所、中国科学院云南热带植物研究所、云南省农业科学院茶叶科研所

主要完成人员 集体

授奖级别 云南省星火科技奖二等奖

授奖时间 1988年

成果简介 西双版纳州95%是山区，自然资源相当丰富，为将自然资源优势变成经济优势，西双版纳州科学技术委员会选择基诺山区为试点，1986年列为云南省科学技术委员会山区科技开发试点之一，项目列入国家1986年星火计划，技术依托单位是中国医学科学院药用植物研究所云南分所、云南省热带作物科学研究所、中国科学院云南热带植物研究所和云南省农业科学院茶叶研究所。本项目采取综合科技开发的办法，通过对625.7 km^{2}的土地从海拔800 ~ 1 400 m进行规划和小区区划，同时开展名贵南药——砂仁的丰产栽培示范，使年平均单产达35 kg/亩以上，种植面积由4 000亩发展到1.19万亩，大面积平均单产7.2 kg/亩，超过全国水平5 kg/亩左右；橡胶抗寒品系种植推移到海拔1 000 m，打破了只能在800 m以下种植的说法，推广面积达1.37万亩；胶茶群落和密集高产茶园已发展到2 000多亩；水稻、旱谷推广了以化学除草、合理使用化肥、推广良种为主的综合农业技术，效果明显，单产增加。通过综合科技开发，基诺山区形成了以砂仁为主的砂仁、橡胶、茶叶三大骨干产业，使其成为全省最大、最早的科技开发示范点，现已扩大到州内10个纯山区。科技开发促进了山区各项工作的开展，经过6年的努

力，山区的经济面貌大为改观，对边远山区的科技开发起到积极的示范作用。

奖状

为奖励在我省星火科技工作中作出显著成绩者，特颁发此奖状，以资鼓励。

授奖名称：热带基诺山区科技开发

受奖单位：西双版纳州科委 中国医学科学院药植所云南分所 云南省热带作物科研所 中科院云南热带植物研究所 云南省农科院茶叶科研所

奖励等级：二等

奖励时间：一九八八年度

云南省科学技术委员会

一九八[illegible]年[illegible]月[illegible]日

获地（厅）级奖励项目

- 一　等　奖：21项
- 二　等　奖：39项
- 三　等　奖：33项
- 四　等　奖：8项
- 鼓　励　奖：1项
- 科学大会奖：4项

PB86、PR107、RRIM600、GT1四个橡胶无性系在云南垦区的适应性

主要完成单位　云南省热带作物科学研究所、红河农垦分局热带作物试验站、德宏农垦分局热带作物试验站

主要完成人员　橡胶育种研究室

授奖级别　西双版纳州科研成果奖一等奖

授奖时间　1979年

成果简介　1962年，全国橡胶育种会议以来，在云南垦区先后大量推广了‘PB86’‘PR107’‘RRIM600’和‘GT1’等4个无性系。通过20年的试验观察和生产实践，这4个品系在云南省垦区生长发育、产胶和抗逆性等适应性表现为：‘PB86’‘PR107’‘RRIM600’在一类型植胶区速生高产；‘GT1’在二、三类型区生长茁壮，抗性好，产量亦高。至1979年底，这4个品系占全省植胶总面积的81.3%，其中，‘RRIM600’占33.2%，‘GT1’占26.2%，‘PB86’占13.6%，‘PR107’占8.3%。由于它们高产，使干胶产量大幅度增加，获得了显著的经济效益。

生长适应性：云南垦区橡胶树年生长有明显的节奏性，4个品系的年生长节奏无明显差异。但德宏植胶区纬度偏北，热量较低，最适生长期较红河、西双版纳约短1个月。在正常管理下，西双版纳和红河割胶前树围年平均增长量为7.5 cm，7年可达开割标准；德宏一般9年达到开割标准。

产胶适应性：在西双版纳、红河，旺产期‘RRIM600’单株年产干胶5～8 kg，亩产100 kg左右；‘PB86’单株年产3～4 kg，亩产60～70 kg；‘PR107’略高于‘PB86’；‘GT1’单株年产4～5 kg，亩产80～100 kg。德宏因热量较差，产量约低20%。

越冬适应性：‘GT1’对低温适应能力较强，1973—1974年、1975—1976年冬大寒的情况下，平均寒害级别不超过0.5级；‘RRIM600’‘PB86’次之，平均寒害级别2级；‘PR107’对平流型低温适应能力较差，但对辐射型低温适应能力较好。

感病适应性：‘PB86’‘RRIM600’易感染割面条溃疡病，感病后常引起割面大块溃烂。‘PR107’和‘GT1’则较耐此病。对白粉病‘GT1’感病重，‘PR107’则轻。

由于4个品系的产胶量、抗寒性和耐病性不同，种植时要根据其特性，按相应环境条件对口配置以发挥各品系适应性的优势、取得更好的经济效益。

西双版纳热带畜禽疫病

主要完成单位 西双版纳州畜牧兽医站、云南省热带作物科学研究所、云南省兽医防疫总站

主要完成人员 揭达新、汤汝松

授奖级别 西双版纳州科学技术进步奖一等奖

授奖时间 1987年

成果简介 该书是在3年多的野外调查和实验室分析化验的基础上，通过对资料进行认真的分析整理、审核，几易其稿，编辑而成。全书分类收录了热带地区的常见病、多发病，对各种疫病的病原、危害程度、流行规律、流行特点及其分布进行了描述并附有图片，全书收集了110种疾病，其中，传染病41种，寄生虫病36种，人畜共患病15种，中毒病14种，其他疫病4种，确诊了长期危害热区畜禽健康的疑难疾病，如猪水肿病、鸭副伤寒及鸡马立克氏病等，也发现了一些新病，如鸡雉虫、鸡沙氏住白细胞原虫、鸭体裂头蚴等。首次报道了具有热带地区特点的畜禽中毒性疾病，例如铁刀木树叶、无刺含羞草、橡胶树叶及木薯等，还将独具特点的其他疾病也进行了调查研究，取得了一批科研成果和大量科学数据，对热区畜牧业的开发和保护人畜健康均起到了良好作用。

全书共分六章，第一章着重叙述了热带地区的自然环境状况及特点，第二章至第六章分别论述了畜禽的主要传染病、寄生虫病、人畜共患病、中毒病及其他疾病。

全书从本地实际出发，内容完整、新颖，可供从事畜牧兽医工作的同志及党政领导决策之参考。全书共约30万字，图文并茂，已由云南科技出版社公开出版发行。

热带地区畜禽疫病调查研究

主要完成单位　西双版纳州畜牧兽医站、云南省热带作物科学研究所

主要完成人员　揭达新、汤汝松

授奖级别　西双版纳州科学技术进步奖一等奖

授奖时间　1987年

成果简介　本项目经过两年深入到西双版纳州各地实地调查研究、采集标本进行临床观察与病畜解剖，通过大量的实验室分析与化验，先后完成了全州近50种畜禽疫病的血清流行病学调查。在全州热带地区共查出了畜禽的主要疫病100余种，其他与热带有关的畜禽常发病15种，这些病有明显的热带地区性，有些在国内属首次报道，例如几种特殊的热带畜禽中毒病等都是很珍贵的材料，对其特殊的治疗方法也属独创。

在查出热带地区主要畜禽疫病的种类、危害程度、发病机制及流行规律的基础上，研究了防治办法和措施，通过调查，提出了切实可行、有效的防治方法。几年来，全州的畜禽死亡率大幅度下降，生猪死亡率在20世纪90年代初比80年代中期下降了48%，其他畜禽的发病率和死亡率也明显下降。

澳洲坚果良种筛选及配套栽培技术试验示范

主要完成单位　云南省热带作物科学研究所

主要完成人员　倪书邦、贺熙勇、陶丽、陈丽兰、陈国云、岳海、肖晓明、熊朝阳、刘世红、李加智

授奖级别　西双版纳州科学技术进步奖一等奖

授奖时间　2008年

成果简介　本项目对“十五”新增澳洲坚果品比基地的35个品种开展了品种试验，初步筛选出一批环境适应性较好的品种；对“九五”品比基地的15个品种开展了进一步的品种试验，筛选出适合云南种植的澳洲坚果良种4个，其中，3个获省级良种认定；总结出1套较完整的大树高接换种技术，成活率最高可达97.22%；对全省现有7.5万多亩中的投产树开展了优良高产单株的调查，初步筛选出候选优株14个，并对资源进行了保存。

开展了树体管理、施肥技术、地面覆盖及病虫害防治技术等方面的试验示范，摸索出了1套较为有效的配套栽培技术，技术的试验示范取得了良好效果，示范管理的澳洲坚果平均亩产达126.24 kg（最高达190.67 kg），比常规和粗放管理分别高出45.02%和104.37%。果实品质明显提高。

项目实施期间，推广良种种苗20万株，折合1万余亩；通过举办培训班和实地指导等方式，推广良种配套栽培技术约3万亩，到盛产期后，预计每年将多增加收入1 400万元以上；带动全省种植澳洲坚果7.5万亩，累计产出澳洲坚果超过1 000 t，实现销售收入1 200多万元。

奖状

云南省热带作物科学研究所：

你单位完成的澳洲坚果良种筛选及配套栽培技术试验示范项目，荣获我州2008年度科学技术进步壹等奖，特颁发此奖状，以资鼓励。

获奖单位：云南省热带作物科学研究所

获奖人员：

年 月 日

橡胶介壳虫综合防治技术研究及示范

主要完成单位 云南省热带作物科学研究所、西双版纳州植保植检站

主要完成人员 李国华、周明、阿红昌、刀学琼、王进强、张祖兵、吴忠华、张春霞、李红祥、严志平、李加智

授奖级别 西双版纳州科学技术进步奖一等奖

授奖时间 2009年

成果简介 项目对云南省植胶区暴发的害虫橡胶盔蚧进行了发生规律及防治研究。首先，鉴定害虫学名为橡胶盔蚧（*Parasaissetia nigra* Nietner），隶属蚧科副盔蚧属。发现该虫在西双版纳地区1年发生3～4代，在橡胶树上的空间分布为聚集分布；阳坡受害橡胶树虫口密度显著高于阴坡，不同海拔虫口密度差异不显著。测定出室内恒温、恒湿条件下橡胶盔蚧卵的发育起点温度为13.663 9℃±0.796 9℃，有效积温为（68.041 2±4.861 6）日·℃。用有效积温法，根据已测出的橡胶盔蚧卵的发育起点温度和有效积温数据，结合当地气象部门的气温资料，预测橡胶盔蚧各代的卵孵始盛期；发现橡胶盔蚧捕食性和寄生性天敌31种，捕食性天敌的优势种为晋草蛉，寄生性天敌的优势种为川上座壳孢、优雅岐脉跳小蜂和绵蚧阔柄跳小蜂；对优雅岐脉跳小蜂的部分生物学特性进行了研究并成功饲养；筛选出杀扑磷、蛛八蚧、杀蚧、氧化乐果等4种对橡胶盔蚧若虫有较好防效的杀虫剂，研制出2种热雾剂，筛选出苯氧威、苦参碱·烟碱乳油2种高效低毒的防治剂；提出综合防治措施及防治策略，2005年开始在云南植胶区大面积推广。建立中幼林水剂防治试验示范面积5 100亩；建立开割林热雾剂防治试验示范面积10 000亩；建立综合防治试验示范面积23 759亩。累计辐射面积50余万亩，挽

回干胶损失12 216 t，挽回经济损失19 860万元。该项成果在西双版纳进行了大面积推广，并取得了较好的经济效益和社会效益，橡胶盔蚧在西双版纳的为害面积由2004年的61万亩，下降到34万亩左右。

奖状

云南省热带作物科学研究所：

你单位完成的橡胶介壳虫综合防治技术研究及示范项目，荣获我州2009年度科学技术进步壹等奖，特颁发此奖状，以资鼓励。

获奖单位：云南省热带作物科学研究所 西双版纳州植保植检站

获奖人员：李国华 周明 阿红昌 刀学琼 王进强 张祖兵 吴忠华 [illegible] [illegible] 严志平 李加智

2010年1月14日

云南山地胶园配方施肥技术示范推广

主要完成单位 云南省热带作物科学研究所

主要完成人员 李春丽、杨春霞、黎小清、丁华平、杨丽萍、陈永川、刘忠妹、许木果、贺明鑫

授奖级别 西双版纳州科学技术进步奖一等奖

授奖时间 2014年

成果简介 该项目立足于云南山地胶园特殊的气候条件、复杂的地形地貌、丰富的土壤类型，在云南植胶区大规模推广乙烯利刺激割胶以后，首次对西双版纳、普洱、红河、临沧等4个主要植胶区不同的土壤类型、立地条件、营养管理水平的128万亩开割胶园土壤和橡胶树营养状况进行系统、全面的普查，摸清了云南山地胶园土壤和橡胶树营养状况。

根据云南山地胶园橡胶树营养状况，参照胶园土壤类型和肥力特点，综合考虑橡胶树品种特性、养分拮抗关系、施肥历史等情况，研发了代表性营养类型的橡胶树专用肥配方，结合施用效果评价结果，确定了适合云南山地胶园正常型、缺氮磷型、缺钾型、缺镁型等4种橡胶树营养类型的主推专用肥配方；通过采取农企合作的运作模式，将橡胶树配方施肥技术物化为配方肥，在云垦江城橡胶公司建立10.83万亩的橡胶树配方肥核心示范区基础上，在云南主要植胶区11个橡胶农场推广施用橡胶树专用配方肥117.54万亩，明显提高了橡胶树配方肥的覆盖率和到位率，橡胶干胶产量平均提高8.83%，增产干胶8 388.55 t，共新增产值2.1亿元，经济、社会效益显著，促进了天然橡胶高产、高效、生态、安全的可持续发展。

一等奖

奖状

云南省热带作物科学研究所：

你单位完成的云南山地胶园配方施肥技术示范推广项目，荣获我州2014年度科学技术进步壹等奖，特颁发此奖状，以资鼓励。

获奖单位：云南省热带作物科学研究所

获奖人员：李春丽 杨春霞 黎小清 丁华平 杨丽萍 陈永川 刘忠妹 许木果 贺明鑫

2015年2月10日

开口带壳澳洲坚果产品开发研究

主要完成单位 云南省热带作物科学研究所、西双版纳云垦澳洲坚果科技开发有限公司

主要完成人员 邹建云、郭刚军、李国华、徐荣、彭志东、黄克昌、伍英、姜士宽、张桂梅、郑文代、祝翱

授奖级别 西双版纳州科学技术进步奖一等奖

授奖时间 2015年

成果简介 本项目自主设计了带壳果干燥筒仓、水浮选清洗机、浸泡罐、半连续电热风干燥柜，改进了澳洲坚果全自动直割机，配套组装了原料提升机、输送设备，建成了日加工4 t的规模化生产线。

根据澳洲坚果物料特性，对其原料仓储、水浮选、开口、调味、干燥和焙制等工艺进行了系统研究，确定了合理的澳洲坚果开口加工工艺及相关技术参数，产品缺陷果率由原来的28%下降到5%以下；开发出原味、加盐、调味3种不同风味的开口澳洲坚果新产品；研究确定了真空包装加吸氧剂的包装方式，使产品的保质期延长至12个月，产品质量达到了《绿色食品　坚果》（NY/T 1042—2014）标准要求。

制定了企业标准1项，发表论文2篇；2013—2015年共加工开口澳洲坚果产品550 t，实现销售收入2 468.84万元，实现净利润195.61万元，上缴税收193.28万元。

一等奖

奖状
云南省热带作物科学研究所：
你单位完成的 开口带壳澳洲坚果产品开发研究 项目，
荣获我 州 2015 年度科学技术进步 壹 等奖，
特颁发此奖状，以资鼓励。
获奖单位：云南省热带作物科学研究所 西双版纳云垦澳洲坚果科技开发有限公司
获奖人员：邹建云 郭刚军 李国华 徐荣 彭志东 黄克昌 伍英 姜士宽 张桂梅
2016 年 5 月 23 日

澳洲坚果丰产栽培关键技术研究与示范

主要完成单位 云南省热带作物科学研究所

主要完成人员 贺熙勇、倪书邦、陶丽、柳觐、陶亮、宫丽丹、苏海鹏、周程、张永科、杨丽萍、孔广红

授奖级别 西双版纳州科学技术进步奖一等奖

授奖时间 2017年

成果简介 本项目通过6种不同高接换种方法的比较，筛选出整株换冠法最佳；开展人工授粉试验，筛选出了云南5个主栽品种的授粉品种；摸清了生育期需水规律，筛选出山地栽培条件下保水剂的用量及覆盖物；开展了树体管理试验，总结出树冠开张密集型品种以轻修为佳；直立稀疏型品种可不进行树体干预；开展了保花保果试验，筛选出适合‘O.C’‘788’的保果剂；获得了‘O.C’和‘344’丰产树营养变化规律；开展了目标产量法、澳大利亚经验施肥法和常规施肥法的对照试验，结果表明，目标产量法施肥效果最好；开展了采收方式研究，总结出乙烯利促脱高效采收方法，采收成本降低25%；总结出云南澳洲坚果主要病害有7种、虫害6种，筛选出花疫病和小果期虫害的防治药剂，防效达80%以上，虫果率小于3%；开展了丰产栽培关键技术集成示范，集成示范管理比常规管理每亩增产16.95%～34.70%、增收520～1 164元；成果推广应用6 000多亩，总体增产15%以上，病虫果数量显著减少，品质明显提高；编写培训教程1部，发放300多册，参编出版图书2册，拍摄教学片1部，发放光碟150多套；举办各类培训30期，培训学员2 711人次。

奖状

云南省热带作物科学研究所：

你单位完成的 澳洲坚果丰产栽培关键技术研究与示范 项目，荣获我 州 2017 年度科学技术进步 壹 等奖，特颁发此奖状，以资鼓励。

获奖单位：云南省热带作物科学研究所

获奖人员：贺熙勇，倪书邦，陶丽，柳觅，陶亮，宫丽丹，苏海鹏，[illegible]，张永科，[illegible]，孔广红

2018 年 3 月 21 日

腐植酸类物质改良红壤的研究

主要完成单位 云南省热带作物科学研究所土壤农化研究室

主要完成人员 集体

授奖级别 云南省农业厅、云南省农业科学院、云南省化工厅腐植酸微肥办公室科技成果推广奖一等奖

授奖时间 1982年

成果简介 本项研究分如下处理：对照（不施肥）；施草煤粉（1 000 kg/亩）；施腐植酸钙（1 100 kg/亩）+NPK（碳酸氨铵35 kg/亩、普钙35 kg/亩、氯化钾10 kg/亩）；施石灰（100 kg/亩）+NPK（量同前）；施NPK（量同前）。3次重复，连续进行3年。

施用腐钙、草煤粉等腐植酸类物质均有改土效果，其中，腐钙+NPK的处理效果尤为显著，优于单施草煤粉、石灰和NPK化肥。连续3年施用，土壤pH值提高0.45，有机质由1.44%提高到2.16%。腐殖质组成胡敏酸与富里酸的比值亦由0.79增加到1.18；全氮由0.07%提高到0.11%；速效钾由110 mg/kg提高到171 mg/kg；速效磷也有提高。土壤容重降低0.9 g/cm^3，>0.25 mm水稳性团聚体总数增加9.3%，有效水分含量提高加10%～15%。土壤的物理及化学性状均得到了较大的改善。

由于土壤肥力明显提高，3年播种玉米增产效果也较其他处理显著，前两年亩产均达320 kg，分别比对照增产38.8%和65.5%；第3年因干旱影响，亩产仍达195 kg，比对照高54.8%。

在当前有机肥不足的情况下，应用腐植酸类物质，特别是腐钙配合化肥施用，改良热带地区的瘦瘠红壤，可取得显著的经济效益。

橡胶种子资源及开发利用综合评价研究

主要完成单位 云南省热带作物科学研究所

主要完成人员 汤汝松、宋彩华、刘天余、杨瑞瑜、杨洪生、杨灿光、适稳英、杨忠萍

授奖级别 云南农垦科学技术进步奖一等奖

授奖时间 1992年

成果简介 本项目系云南省“七五”科技攻关课题“云南省蛋白质饲料资源开发利用研究”的子课题。该项研究全面系统深入地调查了云南省的橡胶种子资源，分析了种子及其油饼的化学成分、氨基酸含量和微量元素。对种子的有毒物质进行了定性及定量分析，作了不同方法的去毒试验。分析结果表明，油饼蛋白质含量为21%～24%，粗脂肪含量为12%～14%。有毒物质主要为氢氰酸，新鲜种子每100 g中氰苷物含量为60～65 mg，新鲜种仁每100 g中含量为116～129 mg。

在资源调查的基础上，进行了橡胶子油饼喂猪的消化代谢试验，试验结果表明，猪的前、中、后3期蛋白质的消化率较高，在80%左右，总消化率平均为77.5%。对猪、肉鸡及蛋鸡进行了饲养试验和遗传毒理学研究，分析了肉中脂肪酸的组成，通过橡胶籽油饼在猪、鸡日粮中不同配比试验，筛选了最佳的配合比例，作了经济效益分析和综合评价，有广阔的开发利用前景。

奖状

為表彰一九九二年在科学技術研究及技術推廣工作中作出顯著成績的單位，特授予雲南農墾科学技術進步奬壹等奬。

受奬項目 橡胶种子资源及开发利用综合评价研究

受奬單位 云南省热带作物科学研究所

奬狀編號 92-31

雲南省農墾總局

一九九三年四月

巴西橡胶新种质引种、保存、鉴定及利用的研究

主要完成单位 云南省热带作物科学研究所

主要完成人员 杨少斧、王正国、杨爱梅、张琴华、梁国平

授奖级别 云南农垦科学技术进步奖一等奖

授奖时间 1992年

成果简介 本项目对引种保存的4 212个巴西橡胶新种质，采用常规育种技术进行观察、鉴定、筛选和利用，在种质圃1～2龄苗，预测叶脉胶和小叶柄胶，采样进行乳管解剖，观察乳管系发育，冬季测量电导及前哨苗圃观察预测抗寒力，3～4龄苗进行试割测产；特大病害和自然灾害后，调查品系抗性。经过大量的测试鉴定，筛选出性状优良的少量品系建立系比和矮化授粉园，进行人工杂交，创造了一批新的选育种原始材料。杂交后代中已有8个高产个体产量超过‘RRIM600’，并进入系比试验，有良好的应用前景。

奖状

為表彰一九九二年在科学技術研究及技術推廣工作中作出顯著成績的單位，特授予雲南農墾科学技術進步獎一等獎。

受獎項目 巴西橡胶新种质引种、保存、鉴定及利用的研究

受獎單位 云南省热带作物科学研究所

獎狀編號 92—09

雲南省農墾總局

一九九二年[illegible]月

中规模推广级橡胶优良品种云研277-5

主要完成单位 云南省热带作物科学研究所

主要完成人员 杨少斧、潘华荪、王正国、杨立青、黄绍群、林玉文、徐绍康、张琴华、杨爱梅、李文华、侯琼仙、黄先甫、鲁小生、杨勇、李国伟

授奖级别 云南农垦科学技术进步奖一等奖

授奖时间 1992年

成果简介 该品种是从1963年人工杂交组合‘PBS/63’×‘Tjirl’杂交苗中，经刺检鉴定选出的高产个体建立的三生代无性系。1965年参加初级系比，1971年建立中级系比，1977年后推荐生产单位作多点适应性试种，先后在西双版纳垦区的景洪、东风、勐腊、勐醒、勐捧、勐满、勐养、橄榄坝等8个农场推广1 013 hm^2，表现速生、高产、副性状良好。1990年全国橡胶品系汇评，被评为中等规模推广级品种，1995年被评为大规模推广级品种。

该品种在热作所生产性系比区1～10割年，平均单株年产干胶5.5 kg，单位面积产量1 950 kg/hm^2，分别为对照‘RRIM600’的117.1%和120.3%。

热作所生产树位，1～7割年，平均单株年产干胶5.5 kg，单位面积产量1 950 kg/hm^2，分别为对照‘RRIM600’的117.1%和115.2%。

农场生产树位1～7割年，平均单株年产干胶4.1 kg，单位面积产1 317 kg/hm^2，分别为‘RRIM600’的132.4%和120.3%。

该品种在3—4月旱季割胶表现低产。随着雨季来临，产量随之回升，抗寒性与‘RRIM600’相当，易感白粉病和炭疽病。干胶含量高，

不长流，树干直，材质脆，树冠大，不太抗风，需种植在一类型植胶环境的避风区，才能获得良好的经济效益。

奬狀

為表彰一九九二年在科学技術研究及技術推廣工作中作出顯著成績的單位，特授予雲南农垦科学技術進步奬一等奬。

受奬項目 中规模推广级橡胶优良品种云研277-5

受奬單位 云南省热带作物科学研究所

奬狀編號 92—10

雲南省农垦總局

一九九二年七月

云南山地橡胶树白粉病综合管理技术试验研究

主要完成单位 云南省热带作物科学研究所、云南省农垦总局生产技术处

主要完成人员 邵志忠、陈积贤、周建军、俸树忠、方云洪

授奖级别 云南农垦科学技术进步奖一等奖

授奖时间 1992年

成果简介 根据基础研究结果，橡胶树白粉病为害具有一定补偿能力，轻病对干胶产量无明显影响，中病不但不减产反而显著增产，重病才会显著减产。中病花果大量减少产生的补偿反应是干胶增产的主要原因；嫩叶期天气（主要是最高温）是病害流行的主导因素，病害的严重度主要决定于嫩叶期与天气的配合程度，粉锈宁烟雾技术是防治橡胶白粉病实用而经济的新技术，其中，提出了将病害控制在中病以下的综合管理技术，其关键技术如下。

以防治指标及短期动态测报方法指导防治，预测中病以下林地不防治，中偏重林地局部或单株防1次，重或特重林地防1～2次。

防治指标：以叶量多少及古铜叶发病率为防治指标，当叶片长5 cm以上的叶量达50%以上，古铜叶（长5～6 cm）发病率为40%～60%时及时防治。根据第1次施药后8～10 d的老化叶量、天气及古铜叶发病率确定是否再次施药。

防治上不一刀切，先达到指标的先防。早抽叶的局部林地，在古铜叶发病率为20%～30%时及早防治。

根据不同天气和物候期选用不同的药剂防治。阴雨天采用粉锈宁烟雾，进入淡绿期采用硫黄粉防治。

根据病害流行强度和未来天气及施药期物候适当调整用药量和次数，一般天气下用常规剂量，病情较重的林地适当加大剂量。

该技术较传统防治方法减少了越冬物候、越冬菌量观察及防治至轻病以下的大量物耗人力，较之更为简便经济。1988—1992年已累计推广10 000 hm^2。

奖状

為表彰一九九二年在科学技術研究及技術推廣工作中作出顯著成績的單位，特授予雲南农垦科学技術進步奖一等奖。

受奖項目 云南山地橡胶白粉病综合管理技术试验研究

受奖單位 云南省热带作物科学研究所

奖状编號 92-12

雲南省农垦總局

一九九二年七月

治疡灵防治橡胶树条溃疡病研究

主要完成单位 云南省热带作物科学研究所

主要完成人员 肖永清、徐明安、杨雄飞

授奖级别 云南农垦科学技术进步奖一等奖

授奖时间 1992年

成果简介 该研究成果应用控释技术使防病有效期从原来的2～4 d延长到15～20 d，在病斑外表作一次性涂药即可杀死深藏于树皮内的疫霉菌，阻止病菌在树皮内继续扩展蔓延为害。3年来，在重病区（常发病区）161万株多点中间试验表明，由云南省热带作物科学研究所研制的控释剂载体配方治疡灵，实际应用在病害流行期间，只需涂药6～8次，其防治效果就可相当于以往用水溶性杀菌剂涂药30～50次，而且能有效控制4～5级重病树的发生，其防效可达94.5%，重病株率在0.02%以下，病斑治愈率达97%以上，而且省工省药，节省防治用工65%～80%，农药费用减少了20%左右，总体防治费用从每公顷90～120元/年降低到45～60元/年；防治费用减少了50%～60%（平均55.4%）。

截至1990年底，此项成果已在临沧垦区的勐撒农场、耿马民营胶园、西双版纳的黎明农场、勐醒农场、勐腊农场、勐满农场推广使用，孟定、景洪、东风、勐捧、孟连等农场及部分民营胶园也作防治推广示范，1988—1990年累计推广约3 400 hm^2。

奖状

為表彰一九九二年在科学技術研究及技術推廣工作中作出顯著成绩的單位，特授予雲南农垦科学技術進步奖一等奖。

受奖項目 治病灵防治橡胶树条溃疡病研究

受奖單位 云南省热带作物科学研究所

奖狀編號 92－08

雲南省农垦總局

一九九三年七月

子午线轮胎专用天然胶研制

主要完成单位 云南省农垦总局工业处、云南省热带作物科学研究所、国营勐捧农场

主要完成人员 黄伟英、林文光、邓中梧、唐宝熙、徐定国

授奖级别 云南农垦科学技术进步奖一等奖

授奖时间 1995年

成果简介 子午线轮胎专用天然胶以鲜胶乳为原料，采用生物凝固技术凝固，通过工业调控橡胶黏度，凝块经一定时间熟化后再经机械脱水、造粒、热风强制对流干燥等工艺制成。

研究成果填补了云南省此项工艺空白，达到国内先进水平。产品基本性能、实用配方性能、试胎实际里程实验结果，均达到马来西亚同类胶水平，符合美国费尔斯通轮胎公司技术标准。华南橡胶轮胎有限公司已在生产中批量应用，并采用该研制产品生产的子午线轮胎参加1995年全国子午胎里程评比。

研究成果可在全国天然胶产区推广应用。云南省农垦总局已计划对几个制胶厂进行技改，推广该项成果投入规模生产。

獎狀

為表彰一九九四/九五年在科学技術研究及技術推廣工作中作出顯著成績的單位，特授予雲南农垦科学技術進步獎一等獎。

受獎項目　子午线轮胎专用天然胶研制

受獎單位　省热作所

獎狀編號　P5020

雲南省农垦總局

一九九六年三月

橡胶树高产抗寒品种云研77-2

主要完成单位 云南省热带作物科学研究所、勐满农场、勐醒农场

主要完成人员 敖硕昌、和丽岗、肖桂秀、杨少斧、杨立青、段世新、杨火土、黄绍琼、肖再云、刘忠亮、李明谦

授奖级别 云南农垦科学技术进步奖一等奖

授奖时间 2002年

成果简介 ‘云研77-2’是云南省热带作物研究所用常规育种方法培育的次生代无性系，杂交亲本为‘GT1’×‘PR107’。杂种苗在海拔1 300 m的思茅前哨点经-0.9℃低温考验，建立的无性系又经前哨点0.6℃低温考验。经20多年初比、高比、生产性试种的结果表明，该品种具有速生、高产、耐寒、干胶含量高、对刺激割胶反映良好等优良性状。与对照品种‘GT1’比较有如下特点：生长快，平均茎围年增粗6.9 cm，比‘GT1’高19%，可提前0.5～1年开割；产量高，第4割年亩产进入100 kg，1～12割年平均亩产153.7 kg，比‘GT1’增产34.1%；干含高、较耐刺激。1～12割年平均干含34.2%，1998年勐醒农场试区采用刺激割胶，（第6割年）平均亩产干胶124.6 kg，比‘GT1’增产39.7%；耐寒能力强，在思茅前哨点5年平均寒害比‘GT1’轻0.52级；死皮轻，平均年死皮停割率为0.2%，比部颁标准低；树干粗壮直立，树型仿‘PR107’。

该品种1999年12月通过了全国农作物品种审定委员会审定，可在云南甲、乙、丙等宜林地大规模推广种植。

云南农垦科学技术进步奖励

证　书

为表彰云南农垦科学技术进步奖获得者，特颁发此证书

项目名称：橡胶树高产抗寒品种云研77-2

奖励等级：一等奖

获奖者：云南省热带作物科学研究所

二〇〇二年六月二十六日

证书号：200201-1-D01

橡胶树高产抗寒品种云研77-4

主要完成单位 云南省热带作物科学研究所、勐满农场、勐醒农场

主要完成人员 敖硕昌、和丽岗、肖桂秀、杨少斧、杨立青、段世新、杨火土、黄绍琼、肖再云、刘忠亮、李明谦

授奖级别 云南农垦科学技术进步奖一等奖

授奖时间 2002年

成果简介 ‘云研77-4’是1977年从海拔1 300 m的思茅前哨苗圃的杂交苗中（杂交亲本为‘GT1’×‘PR107’）经-0.9℃低温考验选出的耐寒力特强的单株，取其茎干芽建立的无性系。无性系再进入思茅前哨点，又经0.6℃低温考验繁育的次生代无性系。经初级系比、高级系比、生产试种观测结果表明，该品种有以下主要特点：

生长快，区域性试验平均茎围年增粗6.8 cm，比‘GT1’增长17.2%，可比‘GT1’提前0.5～1年开割；产量高，第4割年亩产进入100 kg，1～12割年平均亩产132.9 kg，比‘GT1’增产16%；干含高，刺激割胶效应良好，1～12割年平均干含33.5%，2000年，刺激割胶平均亩产比‘GT1’高47.4%；耐寒能力比‘GT1’强，在思茅前哨点5年平均寒害级别轻0.93级；死皮轻，平均每年死皮停割率为0.2%，比部颁标准低；树干粗壮直立，树型疏朗，有利林内通风透光，可减轻风、寒、病害。

该品种1999年12月通过了全国农作物品种审定委员会审定，可在云南甲、乙、丙等宜林地大规模推广种植。

云南农垦科学技术进步奖励

证书

为表彰云南农垦科学技术进步奖获得者，特颁发此证书

项目名称：橡胶树高产抗寒品种云研77-4

奖励等级：一等奖

获奖者：云南省热带作物科学研究所

二〇〇二年六月二十六日

证书号：200202-1-D01

澳洲坚果加工工艺及产品开发研究

主要完成单位 云南省热带作物科学研究所

主要完成人员 邹建云、古和平、郑文代、祝翱、朱明英、黄克昌、陶循臣

授奖级别 云南农垦科学技术进步奖一等奖

（2007年获云南省科学技术进步奖三等奖，2007年获西双版纳州科学技术进步奖二等奖）

授奖时间 2008年

成果简介 项目根据澳洲坚果特性，对其原料贮存、脱壳、壳仁分离、干燥、焙制工艺及设备进行了系统研究，确定了合理的澳洲坚果加工工艺、设备及相关技术参数，开发出焙炒、油炸果仁产品。

在进口M4R型脱壳机关键设备基础上，完成了带壳原料分级机、干燥筒仓、壳仁分离装置、果仁分级和果仁干燥设备的开发，配套相关加工工艺设备，建立了日处理1.5～2 t带壳果的中试生产线，设备运行情况良好，产品质量稳定。

制定了澳洲坚果带壳果、果仁产品和加工工艺技术规程等3项企业标准，为规范化和标准化生产创造了必要条件。项目实施期间共加工澳洲坚果40 t，焙炒和油炸果仁产品经法定检验部门检测，质量符合有关标准要求。

该项技术经中试和试生产检验表明已具备产业化应用推广的条件，将为今后云南大面积澳洲坚果产品加工起到重要作用。

云南农垦科学技术进步奖

证书

为表彰在促进云南农垦科学技术进步工作中做出贡献者，特颁发云南农垦科学技术进步奖证书，以资鼓励。

奖励项目：澳洲坚果加工工艺及产品开发研究

获奖者：云南省热带作物科学研究所

奖励等级：一等奖

奖励日期：二〇〇八年五月十九日

证书号：200803-1-D01

云南省农垦总局

云南省农垦印刷白管厂制

一等奖

橡胶树介壳虫综合防治技术研究及示范

主要完成单位　云南省热带作物科学研究所、西双版纳傣族自治州植保植检站

主要完成人员　李国华、周明、阿红昌、刀学琼、王进强、张祖兵、吴忠华、张春霞、李红祥、严志平

授奖级别　云南农垦科学技术进步奖一等奖

授奖时间　2010年

成果简介　本项目鉴定出云南大面积为害橡胶树的介壳虫为橡胶盔蚧（*Parasaissetia nigra* Nietner），属蚧科，副盔蚧属。发现橡胶盔蚧在西双版纳地区1年发生3～4代，出现3～4次虫口高峰，在橡胶树上的空间分布为聚集分布。基本掌握了橡胶盔蚧生物学特性、生活史、发生为害规律和特点，提出橡胶盔蚧卵孵始盛期的测报方法。发现橡胶盔蚧捕食性和寄生性天敌31种，捕食性天敌的优势种为晋草蛉，寄生性天敌的优势种为川上座壳孢、优雅岐脉跳小蜂和绵蚧阔柄跳小蜂；对优雅岐脉跳小蜂的部分生物学特性进行了研究并成功饲养。筛选出杀扑磷、蛛八蚧、杀蚧、氧化乐果等4种对橡胶盔蚧若虫有较好防效的杀虫剂，研制出2种热雾剂。提出防治措施和防治策略。建立中幼林水剂防治试验示范面积5 100亩，对1、2龄若虫防效达94%以上；建立开割林热雾防治试验示范面积10 000亩，对1、2龄若虫防效达87%以上；建立综合防治试验面积23759亩，对1、2龄若虫的平均累计防效达80%。累计辐射面积50余万亩，挽回干胶损失12 216 t，挽回经济损失19 860万元。橡胶盔蚧在西双版纳的为害面积由2004年的61万亩，2006年下降到34万亩。

云南农垦科学技术进步奖

证 书

为表彰在促进云南农垦科学技术进步工作中做出贡献者，特颁发云南农垦科学技术进步奖证书，以资鼓励。

奖励项目：橡胶树介壳虫综合防治技术研究及示范

获 奖 者：云南省热带作物科学研究所

奖励等级：一等奖

奖励日期：二〇一〇年二月二十日

证 书 号：201002-1-D01

云南省农垦总局

云南省农垦印刷包装厂制

多功能植物辣木引种试种及开发利用

主要完成单位 云南省热带作物科学研究所

主要完成人员 刘昌芬、李国华、龙继明、蒋桂芝、杨焱、伍英、白旭华、黄菁、李海泉、黎小清

授奖级别 云南省农垦总局科学技术进步奖一等奖

（2008年获西双版纳州科学技术进步奖二等奖）

授奖时间 2010年

成果简介 辣木（*Moringa* SP.）是有悠久利用历史的多功能热带植物。本项目引进4个辣木品种和1个改良种，通过栽培试验，筛选出营养价值高、食用安全、商业性好的多油辣木、狭瓣辣木和改良种‘PKM1’等3个较好的品种；完成了3个品种叶片的营养成分及含量测定，测定结果与国外报道的相一致；完成了辣木叶粉的急性毒性试验、3项遗传毒性试验、90 d喂养试验及大鼠致畸等测定，对辣木叶粉的营养价值及食用安全性作出科学评价。通过栽培试验，初步总结出辣木的丰产栽培技术措施，并先后在云南河口、德宏、元江、元谋、勐腊及四川米易、贵州新义等不同类型热区进行了适应性试验种植。开发试制出辣木叶粉、辣木油、胶囊、素片及辣木花茶等5个产品，通过200多人自愿服用，普遍反映辣木产品降糖、降脂、改善睡眠、通便效果明显，能增强人体免疫力，无不良反应。对辣木植物激素和辣木天然絮凝剂的提取等综合利用进行了研究。

云南农垦科学技术进步奖

证　书

为表彰在促进云南农垦科学技术进步工作中做出贡献者，特颁发云南农垦科学技术进步奖证书，以资鼓励。

奖励项目：多功能植物辣木引种试种及开发利用

获 奖 者：云南省热带作物科学研究所

奖励等级：一等奖

奖励日期：二〇一〇年二月二十日

证 书 号：201004-1-D01

云南省农垦总局

澳洲坚果良种筛选及配套栽培技术试验示范

主要完成单位 云南省热带作物科学研究所、云南省德宏热带农业科学研究所、国营孟定农场、国营勐捧农场、沧源县生物资源开发创新办公室

主要完成人员 倪书邦、贺熙勇、陶丽、陈丽兰、陈国云、岳海、肖晓明、熊朝阳、刘世红、李加智、李文伟

授奖级别 云南农垦科学技术进步奖一等奖

（2008年获西双版纳州科学技术奖一等奖，2009年获云南省科学技术进步奖二等奖）

授奖时间 2010年

成果简介 本项目对“十五”新增澳洲坚果品比基地的35个品种进行了环境适应性早期评价，初步筛选出一批环境适应性较好的品种。对“九五”品比基地的15个品种进一步进行了环境适应性和丰产性评价，筛选出适合云南热区种植的澳洲坚果良种4个，其中，3个获省级林木良种认定，良种的产量和品质与澳大利亚商业品种相当。对全省现有7.5万亩投产树开展优良高产单株调查，筛选出候选优良单株14个，并对其资源进行了保存。对大树高接换种技术进行了研究，总结出一套较为完整的大树高接换种技术，成活率最高可达97.22%。

开展了树体管理、施肥技术、地面覆盖及病虫害防治技术等方面的研究，摸索出一套较为有效的配套栽培技术。该套技术的试验示范取得良好效果，澳洲坚果的平均亩产量达到126.24 kg，比常规管理增产45.02%，果仁脂肪含量、出仁率等主要品质指标与原产地澳大利亚相当。

云南农垦科学技术进步奖

证　书

为表彰在促进云南农垦科学技术进步工作中做出贡献者，特颁发云南农垦科学技术进步奖证书，以资鼓励。

奖励项目：澳洲坚果良种筛选及配套栽培技术试验示范

获 奖 者：云南省热带作物科学研究所

奖励等级：一等奖

奖励日期：二〇一〇年二月二十日

证 书 号：201003-1-D01

云南省农垦总局

西双版纳畜牧业区划

主要完成单位 西双版纳畜牧兽医站、云南省热带作物科学研究所

主要完成人员 揭达新、汤汝松、吴学行

授奖级别 西双版纳州科学技术进步奖二等奖

授奖时间 1988年

成果简介 根据西双版纳州在自然环境、饲草饲料和畜禽品种资源等方面存在的明显地域差异，结合社会经济技术状况与社会需求，将全州畜牧业生产划分为3个各具特色的畜牧业生产经济区，即中部宽谷盆地猪、水牛、黄牛禽区；东部山地黄牛、水牛、猪、马区；西部山地黄牛、猪、鸡区，并对各区进行了综合评价和论证，提出了各区发展方向和主要措施。

本区划由畜牧业综合区划和畜种区划组成。其中，包括畜牧业资源及生产条件，畜牧业生产现状、发展方向和主要途径，畜牧业分区论述，畜种区划及布局，畜牧业发展预测和措施、建议等6部分，该区划较科学地揭示和反映了各区间的地域差异和特点，为西双版纳州制定畜牧业发展计划，因地制宜，扬长避短，分类指导生产，发挥各区的自然优势，实现畜牧生产的区域化、专业化提供科学依据。

曼西良后山中、高海拔山区冬季气候考察报告

主要完成单位　云南省热带作物科学研究所

主要完成人员　钟绍怀、郭玉清

授奖级别　西双版纳州科学技术进步奖二等奖

授奖时间　1995年

成果简介　本项研究采用气象台（站）的观测方法和手段，对景洪至曼西良不同海拔高度设点进行冬季气候考察。考察基本摸清了曼西良中、高海拔山区冬季主要气象要素随高度的变化规律，逆温层顶可能到达的最高高度、暖带高度、厚度，以及在垂直高度上存在着3个气候带。本项考察是州内中、高海拔山区（1 400 m以上）的首次气候考察，不但填补了西双版纳中、高海拔山区无逆温资料的空白，同时为中、高海拔山区开发发展种植、养殖业提供了科学依据。

亚洲象中毒性胃肠炎防治探索

主要完成单位　云南省热带作物科学研究所、西双版纳州景洪市畜牧兽医站

主要完成人员　汤汝松、高翔

授奖级别　西双版纳州科学技术进步奖二等奖

授奖时间　1999年

成果简介　1997年6月，西双版纳野象谷原始森林公园的1头大象、1998年2月西双版纳民族风情园泰国引进的2头大象发生严重疾病，日渐消瘦、腹泻，随时都有生命危险，经精心对症治疗，终于使大象转危为安，并能正常参加景区表演，取得了较好的经济和社会效益，该成果在病因确认、药物选择、治疗方法、给药途径等方面取得宝贵经验，具有创造性，对热带地区动物疾病防治具有十分重要的指导意义。

奖状

云南省热带作物科学研究所：

你单位完成的亚洲象中毒性胃肠炎防治探索项目，荣获我州一九九九年度科学技术进步贰等奖，特颁发此奖状，以资鼓励。

获奖单位：

获奖人员：

一九九九年十二月二十日

澳洲坚果优良品种筛选、繁殖及丰产栽培技术研究

主要完成单位 云南省热带作物科学研究所

主要完成人员 倪书邦、贺熙勇、张汝、黄雅志、李加智、周程、肖高中、陈丽兰、肖再云、陈国云

授奖级别 西双版纳州科学技术进步奖二等奖

（2004年获云南农垦科学技术进步奖二等奖）

授奖时间 2004年

成果简介 本项目建立15个品种的比较试验点，初选出普遍适于云南种植的优良品种4个，分别是‘云澳4号’‘云澳8号’‘云澳10号’和‘云澳13号’。建立4个丰产试区，试验表明，未修枝的植株茎围生长量明显大于修枝的；地面覆盖的植株茎围生长量明显大于裸地的，其中，以地膜覆盖最大；在种植形式上，4 m×6 m和5 m×8 m两种形式生长量的表现较好。五龄树平均茎围为23.2 cm（离地10 cm处），年均增长4.3 cm，比广西热作所略高，与湛江南亚所接近；试区内结果最好的5个品种的平均NIS产量为1.03 kg/株，比粤西桂南略高。嫁接方法宜采用合接法、劈接法和舌接法；嫁接时间以当年10月至翌年3月为宜；砧木材料以‘云澳10号’为佳；接穗直径0.7～1 cm为好，取接穗前进行环割能明显提高嫁接成活率。在上述最佳条件配合下，嫁接成活率可达71.7%以上。完成扦插苗3 000多株，使用吲哚丁酸1 000 mg/L处理6 h，生根率可达70%。组培试验接种16 000管，以茎段在培养基中进行畸胚增殖丛芽而获得了组培苗。

调查发现澳洲坚果害虫151种，害兽2种，初步认定云南主要害虫有8种，害兽2种。揭示了幼龄坚果果园虫害的三大特点，初步掌握了害虫

的生物学特性及其防治方法；查清病害18种，分属两个亚门、8个属，其中，14种真菌病害，4种生理病害，并开展了防治研究。

奖状

[illegible]：

你单位完成的[illegible]项目，荣获我[illegible]二〇〇四年度科学技术进步贰等奖，特颁发此奖状，以资鼓励。

获奖单位：
获奖人员：[illegible]

二〇〇四年[illegible]月[illegible]日

西双版纳地区橡胶树胶乳的生理诊断

主要完成单位　云南省热带作物科学研究所

主要完成人员　肖再云、李明谦、何长贵、宁连云、刘忠亮、伍雪梅、和丽岗、肖桂秀、肖祖文、邓建民

授奖级别　西双版纳州科学技术进步奖二等奖

授奖时间　2006年

成果简介　本项目通过引进国外最新胶乳生理诊断技术并在云南省热带作物科学研究所建立胶乳生理诊断实验室，结合国内山地胶园特点，在版纳6个农场对‘GT1’和‘RRIM600’两个主栽品种、平地和山地、3个割龄段的胶树采集胶乳样品，测定其中的蔗糖、无机磷、硫醇和总固形物含量，初步建立起两个品种4项生理参数的胶乳生理诊断标准，并应用指导6个农场的割胶生产，对指导西双版纳地区刺激采胶、控产、挖潜，促进橡胶产业可持续发展具有重要意义。

奖状

云南省热带作物科学研究所

你单位完成的 西双版纳地区橡胶树胶乳的生理诊断 项目，荣获我 州 2006 年度科学技术进步 贰 等奖，特颁发此奖状，以资鼓励。

获奖单位：

获奖人员： 肖再云 李明谦 何长贵 宁连云 刘忠亮 伍雪梅 …… 肖祖文 邓建民

2006 年 10 月 26 日

澳洲坚果加工工艺及产品开发研究

主要完成单位 云南省热带作物科学研究所

主要完成人员 邹建云、古和平、郑文代、祝翱、朱明英、黄克昌、陶循臣

授奖级别 西双版纳州科学技术进步奖二等奖

授奖时间 2007年

成果简介 项目确定了合理的澳洲坚果加工工艺和各项技术参数，制订了系统的质量控制措施。按此工艺和技术加工澳洲坚果，带壳果脱壳后的果仁回收率大于25%，整仁率大于60%，每加工1 t带壳坚果可获利润1万元以上。

本项目在引进设备的基础上，根据工艺的要求，配套开发了澳洲坚果脱皮机、壳果分级机、壳果干燥筒仓、水浮选仁—壳分离机、果仁干燥系统、果仁分级机、果仁焙炒机等设备。

本项目采用该工艺和技术已开发出焙炒果仁、焙炒加盐果仁、油炸果仁、油炸加盐果仁等4种成品果仁产品，可根据用户需求生产提供达到质量要求的澳洲坚果带壳果和生果仁产品，产品质量达到相关标准的要求，并深受消费者好评。

本项目研究了不同包装方式和处理对澳洲坚果果仁产品保值期的影响；确定了获得较长产品保值期的适宜包装方式和有效处理方法，果仁产品保质期大于12个月。

本项目制定了《澳洲坚果 带壳果》（Q/RZJ 002—2006）、《澳洲坚果 果仁》（Q/RZJ 001—2004）《澳洲坚果加工工艺技术规程》（Q/RZJ 001—2006）和产品主要理化指标的检验方法。

奖状

云南省热带作物科学研究所：

你单位完成的 澳洲坚果加工工艺及产品开发研究 项目，荣获我 州 2007 年度科学技术进步 贰 等奖，特颁发此奖状，以资鼓励。

获奖单位：云南省热带作物科学研究所

获奖人员：邹建云 古和平 郑文代 祝翱 朱明英 黄克昌 陶循田

2007 年 12 月 28 日

橡胶籽ω-3脂肪酸微胶囊化功能食品的开发研究

主要完成单位 云南省热带作物科学研究所

主要完成人员 陈建白、何美莹、白旭华、李国华

授奖级别 西双版纳州科学技术进步奖二等奖

授奖时间 2007年

成果简介 该项目针对橡胶籽油微胶囊化功能性食品开发的需求，在橡胶籽油植脂沫产品开发领域取得重大的进展；通过大量实验优化和确定了橡胶籽油微胶囊化植脂沫产品的技术工艺流程及参数，试验中所获得的样品功能性脂肪酸含量高于40%，包埋率达到92.6%；成功提取了酸角T多糖和一种植物抗氧化剂，作为多糖壁材和天然抗氧化剂应用于产品开发，并通过动物试验证实了该微胶囊化油脂产品，具有明显的降低高脂症大白鼠血清CHO、TGT和LDL水平的功效。

奖状

云南省热带作物科学研究所：

你单位完成的橡胶子ω—3脂肪酸微胶囊化功能食品的开发研究项目，荣获西双版纳州2007年度科学技术进步贰等奖，特颁发此奖状，以资鼓励。

获奖单位：云南省热带作物科学研究所

获奖人员：陈建白 何美莹 白旭华 李国华

年 月 日

多功能植物辣木引种试种及利用评价

主要完成单位 云南省热带作物科学研究所

主要完成人员 刘昌芬、李国华、龙继明、蒋桂芝、杨焱、伍英、白旭华、黄菁、李海泉、杨雄飞

授奖级别 西双版纳州科学技术进步奖二等奖

授奖时间 2008年

成果简介 项目引进多油辣木、狭瓣辣木、象腿辣木、*Moringa concamesis*等4个辣木种和多油辣木的改良种‘PKM1’，首次将‘PKM1’引入国内，经过4年的栽培试验和营养成分测定，筛选出最有商业前景多油辣木改良种‘PKM1’和狭瓣辣木等3个品种作为进一步开发研究的辣木品种。

项目建成辣木种子园18.8亩、不同种植密度单一辣木栽培试验地30亩、辣木与鹤望兰间作试验基地20亩，共114.8亩；对试验种植的辣木叶粉产品进行营养成分含量测定，结果表明，西双版纳种植的3个辣木品种营养成分含量一致，首次对辣木叶粉进行了急性毒性试验、3项遗传毒性试验、90 d喂养试验及大鼠致畸性试验测定，对辣木叶粉作出了食用安全、无毒的评价。

本项目对辣木在栽培条件下的物候、植物学性状及农艺性状进行观察研究，初步总结出了辣木栽培技术措施，选出较好的辣木间作栽培模式，表明辣木与鹤望兰、肾茶等需要一定荫庇的经济作物间作，不仅提高了土地利用率，还增加单位面积生产率和经济效益；试制出辣木叶粉、辣木油、胶囊、精片及辣木花茶等5个初级产品并进行应用试验，组织糖尿病、高血压、高血脂等患者进行自愿服用辣木的活动，结果表明，辣木降糖、降脂、改善睡眠、通便效果明显；对辣木植物激素和辣

木天然絮凝剂提取进行了研究，扩大对辣木的多种高附加值产品的研发；进行了辣木适应性栽培试验，对云南热区开发辣木进行了初步评价。

本项研究，在西双版纳试验种植的基础上，已向云南省内的河口、德宏、普洱、新平、元江、元谋、勐腊，四川省凉山州米易县和贵州的新义等扩大试验种植，为减少投资风险和辣木产业可持续发展，提出在集约栽培技术尚未完全成熟之前，特别是病虫害为害严重、早衰、低产及复壮等关键技术未成熟之前不宜规模化种植辣木；规模化种植辣木的技术条件尚未成熟。

云南省热带作物科学研究所：
你单位完成的 多功能植物辣木引种试种及利用评价 项目，
荣获我 州 2008 年度科学技术进步 贰 等奖，
特颁发此奖状，以资鼓励。
获奖单位：云南省热带作物科学研究所
获奖人员：刘昌芬 李国华 龙继明 蒋桂芝 杨焱 伍英 白旭华

橡胶籽ω-3脂肪酸富集与微胶囊化工艺研究

主要完成单位 云南省热带作物科学研究所

主要完成人员 何美莹、邹建云、陈建白、张桂梅、黄克昌、古和平、朱明英、郭刚军、徐荣、祝翱、李海泉

授奖级别 西双版纳州科学技术进步奖二等奖

授奖时间 2009年

成果简介 橡胶种子是云南天然橡胶产业的副产物，优质橡胶籽原油中含有80%以上的不饱和脂肪酸，是一种集天然、安全、营养、有功能性、可再生的天然木本植物油源，虽然其食用安全性及医用功效的研究成果确切，但具功能作用的ω-3脂肪酸因对贮存环境中的光、热、氧等因子敏感极易哈败变质而难于开发利用，通过微胶囊化工艺可很好地解决这一问题。

本项目通过原油制备方式、油脂先酯化后包合富集的工艺改进，达到提高功能成分含量的同时抑制其劣变速度；通过大豆分离蛋白适度水解再微胶囊化工艺改进，使微胶囊化产品在功能成分含量增加的同时包埋率也大幅增加，产品贮存稳定性提高，进而更增强了产品的降脂保健功效。该项目的产业化经营，具有较强的盈利能力和抗风险能力；橡胶种子油的开发与利用符合当前对食用油“营养与健康”的心理和生理需求，应用前景广阔。

奖状
云南省热带作物科学研究所：
你单位完成的橡胶子ω-3脂肪酸富集与微胶囊化工艺研究 项目，荣获我 州 2009 年度科学技术进步贰 等奖，特颁发此奖状，以资鼓励。
获奖单位：云南省热带作物科学研究所
获奖人员：何美莹 邹建云 陈建白 张桂梅 黄克昌 古和平 朱明英
2010年1月14日

云南胶园耐阴绿肥调查及开发利用评价

主要完成单位 云南省热带作物科学研究所

主要完成人员 杨春霞、李春丽、赵志平、李永梅、贺明鑫、黎小清、丁华平、许丽月、杨丽萍、刘葵花

授奖级别 西双版纳州科学技术进步奖二等奖

授奖时间 2009年

成果简介 首次对整个云南植胶区开割胶园现有的野生豆科绿肥资源进行系统、全面的调查，摸清了云南胶园耐阴绿肥种质资源现状；通过多方面、全方位的绿肥综合评价首次直接从云南开割胶园现有野生豆科绿肥资源中筛选出硬毛宿苞豆、距瓣豆、假地豆、华扁豆等4种适合开割胶园种植的耐阴经济绿肥，筛选出毛蔓豆、刺毛黧豆、十一叶木蓝3种适于幼龄胶园和热带果园覆盖绿肥。

本项目的研究成果在云南植胶区具有重要的推广应用价值，可为开割胶园乃至成林后荫蔽度大的人工经济林木的地面覆盖提供优良耐阴绿肥，较好地解决了橡胶生产中存在的有机肥源不足、土壤肥力下降、水土流失、林下资源利用水平低下等问题，促进高优胶园的构建和农林生态系统的可持续发展，具有良好的经济效益和生态效益。

二等奖

奖状

云南省热带作物科学研究所：

你单位完成的云南胶园耐荫绿肥调查及开发利用评价项目，荣获我州2009年度科学技术进步贰等奖，特颁发此奖状，以资鼓励。

获奖单位：云南省热带作物科学研究所

获奖人员：杨春霞 李春丽 赵志平 李永梅 贺明鑫 黎小清 丁华平 [illegible] 杨丽萍 刘葵花

2010年1月14日

橡胶树气刺微割采胶新技术试验示范

主要完成单位 云南省热带作物科学研究所、云南省天然橡胶产业股份有限公司勐满橡胶分公司、云南省天然橡胶产业股份有限公司东风橡胶分公司

主要完成人员 李明谦、陈勇、魏小弟、校现周、张长寿、宁连云、雷建林

授奖级别 西双版纳州科学技术进步奖二等奖

授奖时间 2010年

成果简介 气刺微割采胶技术是一项应用于天然橡胶树割胶生产的新技术，采用乙烯气体刺激，S/8树围或短线割胶（≤5～10 cm），通过缩短割线，简化割胶操作，减少采胶时间，最大限度地提高劳动生产率，尽量减轻割胶劳动强度，具有操作简单、割胶速度快、节约原生树皮、死皮较轻等特点。因其割胶快速、产量良好、操作轻简、有效降低了割胶劳动强度，具有提高劳动生产率的显著高效性，能达到扩岗增效、减负增资的目的。

奖状

云南省热带作物科学研究所

你单位完成的 橡胶树气刺微割采胶新技术试验示范 项目，荣获我 州 2010 年度科学技术进步 贰 等奖，特颁发此奖状，以资鼓励。

获奖单位：云南省热带作物科学研究所 云南省天然橡胶产业股份有限公司勐满橡胶分公司 云南省天然橡胶产业股份有限公司东风橡胶分公司

获奖人员：李明谦 陈勇 魏小弟 校现周 张长寿 宁连云 雷建林 [illegible]

2011年 3月10日

柚子良种筛选及优质高产栽培技术研究

主要完成单位 云南省热带作物科学研究所

主要完成人员 高世德、李国华、张阳梅、赵志平、王丽华、张祖兵、李柏霖、原慧芳、曾建生

授奖级别 西双版纳州科学技术进步奖二等奖

授奖时间 2011年

成果简介 项目针对云南省尤其西双版纳州柚子生产上存在的主要问题，例如良种的发掘和品种筛选不足、无规范的优质高产栽培技术、树势衰退、病虫害严重等现状，开展了以下研究。

柚子良种筛选：对12个柚子品种进行适应性早期评价，并对其中表现比较好的7个品种建立品种比较试验园，观察物候，测定早期产量和品质。

柚子优质高产栽培技术：开展了柚子的整形修剪、授粉试验、果实套袋、土壤和叶片营养诊断施肥以及果实采收时间对品质影响的研究。

低产园的改造技术试验：对供试低产园采取扩穴改土、深翻熟化园土、合理施肥、合理修剪、人工授粉、果实套袋、病虫害防治等一系列技术处理后，果实的产量和品质都有了明显的提高。

柚子的高接换种技术：研究了不同嫁接时间对成活率的影响。

采后处理的研究：研究了不同处理方法对柚子贮藏期的影响和不同贮藏时间对果实品质的影响。

病虫害的调查和防治：开展了柚子的主要病虫害调查及防治方法的研究，摸清了柚子的主要病虫害，主要研究了套袋技术和诱捕器对橘小食蝇的防治，以及黄猄蚁对柚子花期害虫的生物防治。

建设了30亩高产示范园：通过本项目的实施，课题组通过开展技术咨询、现场指导和组织学习交流会等不同形式，截至2009年底为西双版纳州柚子种植单位和个人培训柚子栽培相关技术人员达250人次，覆盖种植面积超过2 000亩，产生直接经济效益90.1万元，项目结束后各项技术成果继续推广应用，推广应用面积逐年增加。

奖状
云南省热带作物科学研究所
你单位完成的 柚子良种筛选及优质高产栽培技术研究 项目，
荣获我 州 2011 年度科学技术进步 贰 等奖，
特颁发此奖状，以资鼓励。
获奖单位：云南省热带作物科学研究所
获奖人员：
年 2月 8日

云南胶园优良经济绿肥筛选及覆盖试验示范

主要完成单位 云南省热带作物科学研究所

主要完成人员 杨春霞、赵志平、李春丽、杨丽萍、倪书邦、贺明鑫、刘葵花、黎小清、丁华平

授奖级别 西双版纳州科学技术进步奖二等奖

授奖时间 2011年

成果简介 项目首次采取乡土种和外来种相结合的方法，通过开割胶园野生豆科绿肥资源调查和国内外优良耐阴绿肥引进、收集和保存耐阴绿肥资源；首次选取开割胶园进行绿肥适生性评价和品种比较试验，充分考虑胶园投产后胶林行间光照严重不足、荫蔽度大、一般绿肥无法继续生长等实际情况；注重绿肥的综合开发利用价值，在绿肥筛选时首次采取经济效益和生态效益兼顾的原则，从绿肥的耐阴性、生产潜能、肥效、饲用价值、生态价值等多方面全方位地开展绿肥综合评价，筛选出距瓣豆、卵叶山蚂蝗两种适合云南开割胶园种植的耐阴经济绿肥，毛蔓豆、羽叶决明、白花灰叶豆3种则可用于幼龄胶园和热带果园覆盖。

本项目所筛选的经济绿肥在云南省热带作物科学研究所开割胶园示范100亩、幼龄胶园内推广种植500亩，项目研究成果在云南植胶区具有重要的推广应用价值，可为成林后荫蔽度大的人工经济林木的地面覆盖以及坡地水土保持提供理论指导和技术支持，促进资源节约型和环境友好型现代胶园的构建和农林生态系统的可持续发展。

二等奖

奖状

云南省热带作物科学研究所：

你单位完成的 云南胶园优良经济绿肥筛选及覆盖试验示范 项目，荣获我 州 2011 年度科学技术进步 贰 等奖，特颁发此奖状，以资鼓励。

获奖单位：云南省热带作物科学研究所

获奖人员：杨春霞 赵志平 李春丽 杨丽萍 倪书邦 贺明鑫 刘葵花 黎小清 丁华平

2012年 2月 8日

暗褐网柄牛肝菌人工栽培研究

主要完成单位 云南省热带作物科学研究所

主要完成人员 纪开萍、张春霞、何明霞、刘静、曹旸、王文兵、伍英、段波、阿红昌、赵建强

授奖级别 西双版纳州科学技术进步奖二等奖

授奖时间 2012年

成果简介 项目对暗褐网柄牛肝菌的营养方式、温室菇房人工栽培、田间栽培等应用基础及栽培技术进行了全面深入的研究，取得了人工栽培方面重大的、突破性的进展。

项目首次明确暗褐网柄牛肝菌为腐生真菌，提出暗褐网柄牛肝菌人工栽培理论；首次实现暗褐网柄牛肝菌菌种及栽培菌袋规模培养，工艺成熟可无限放大；实现了温室菇房控温控湿条件下周年栽培，每个菌袋平均产鲜牛肝菌100 g以上，为全球牛肝菌类食用菌人工栽培成功的首例；在经济作物小粒咖啡、柚子、芒果、菠萝蜜等林下人工种植该牛肝菌，接种的第2年开始有收入，至第3年每亩每年可增收牛肝菌80kg左右，增加收入约3 000元，获得了较高的经济效益，实现了经济作物果实与牛肝菌的双丰收；田间种植接种6个月开始出菇，比其他菌根食用菌如黑孢块菌从种植园建立到子囊果收获需6～7年、松乳菇从菌根苗合成至出菇需2～3年缩短了投入产出时间；首次探明、报道了覆土微生物短杆菌属、芽孢杆菌属，链霉菌属有促进暗褐网柄牛肝菌菌丝生长、促进出菇、增加菇蕾数、增加子实体重的作用。

奖状

云南省热带作物科学研究所

你单位完成的 暗褐网柄牛肝菌人工栽培研究 项目，荣获我 州 2012 年度科学技术进步 贰 等奖，特颁发此奖状，以资鼓励。

获奖单位：云南省热带作物科学研究所

获奖人员：纪开萍 张春霞 何明霞 刘静 曹旸 王文兵 伍英 段波 冈红昌 王云

2013 年 3 月 20日

澳洲坚果品种区域性试验与良种推广

主要完成单位 云南省热带作物科学研究所、云南省德宏热带农业科学研究所、普洱市思茅区赵建强咖啡种植场、沧源县生物资源开发创新办公室

主要完成人员 倪书邦、贺熙勇、岳海、宫丽丹、钟涛、肖晓明、陶丽、陈国云、陈丽兰、李文伟、赵建强

授奖级别 西双版纳州科学技术进步奖二等奖

授奖时间 2012年

成果简介 项目通过多年多点品种试验，掌握了36个参试品种的主要生物学习性、产量和品质情况，初步筛选出有发展潜力的澳洲坚果品种6个，其中，‘云澳2号’‘云澳3号’和‘云澳6号’达到云南省林木良种标准。

在品种抗逆性评价方面，应用4种方法对参试品种进行了抗寒性评价，确定模拟低温法和半致死温度法较为准确；初步筛选出一批抗寒品种；应用灰色关联分析、主成分分析法和隶属函数法对品种的抗旱性进行了评价，确定叶片相对含水量、超氧化物歧化酶活性、游离脯氨酸、可溶性蛋白含量和可溶性糖含量可作为评价的主要指标；同时，初步筛选出一批抗旱性强的品种。

风害调查表明，参试品种的抗风性差异极显著，其中，‘云澳11号’‘云澳27号’‘云澳13号’抗风能力最弱，而‘云澳8号’‘云澳16号’‘云澳20号’等6个品种抗风性最强。

奖状

云南省热带作物科学研究所

你单位完成的 澳洲坚果品种区域性试验与良种推广 项目，荣获我 州 2012 年度科学技术进步 贰 等奖，特颁发此奖状，以资鼓励。

获奖单位：云南省热带作物科学研究所 云南省德宏热带农业科学研究所 普洱市思茅区赵建强咖啡种植场 沧源县生物资源开发创新办公室

获奖人员：倪书邦 贺熙勇 岳海 宫丽丹 钟涛 肖晓明 陶丽 陈国云 陈丽兰 李文伟 赵建强

2013年 3月 20日

澳洲坚果产品开发与综合利用研究

主要完成单位 云南省热带作物科学研究所

主要完成人员 郭刚军、邹建云、黄克昌、徐荣、姜士宽、伍英、何美莹、张桂梅

授奖级别 西双版纳州科学技术进步奖二等奖

授奖时间 2013年

成果简介 项目针对澳洲坚果果仁产业化加工后碎仁附加值低的状况，开发了口感与风味俱佳的特色旅游产品澳洲坚果酥糖，确定了产品的加工工艺、技术参数与配方，制定了产品质量指标。针对澳洲坚果榨油后的饼粕价值不高的状况，研究确定了澳洲坚果碎仁的榨油工艺，获得品质良好的澳洲坚果粕，系统测定了其营养成分，对氨基酸组成进行了评价。

奖状

云南省热带作物科学研究所：

你单位完成的澳洲坚果产品开发与综合利用研究项目，荣获我州2013年度科学技术进步贰等奖，特颁发此奖状，以资鼓励。

获奖单位：云南省热带作物科学研究所

获奖人员：郭刚军 邹建云 黄克昌 徐荣 姜士宽 伍英 何美莹 张桂梅

2014年2月18日

本项目首次系统测定与评价了澳洲坚果粕的营养成分与组成，开发的澳洲坚果酥糖、澳洲坚果酥、澳洲坚果饼干等产品具有创新性，以上产品通过应用，产品质量稳定，市场反应良好，深受消费者青睐；延长了澳洲坚果的产业链，增加了产品附加值。

橡胶树优良品种籽苗繁殖关键技术集成与开发

主要完成单位 云南省热带作物科学研究所

主要完成人员 梁国平、孙小龙、李国华、宁连云、黄凤翔、管艳、田海、李玲、张志宏

授奖级别 西双版纳州科学技术进步奖二等奖

授奖时间 2013年

成果简介 项目在引进中国热带农业科学院橡胶研究所的橡胶树籽苗芽接技术的基础上，集成利用橡胶树嫩芽芽接、提前摘顶和不同基质的筛选，以及适合云南垦区的橡胶树优良品种的组培快繁研究，形成适合云南垦区橡胶树良种繁育的新技术，并在本地推广应用，取得较好的经济效益和社会效益。

红掌新品种种苗繁育技术及配套栽培技术研究与示范

主要完成单位 云南省热带作物科学研究所

主要完成人员 周堂英、李惠波、周红龙、李国华、倪书邦、周明、李春丽

授奖级别 西双版纳州科学技术进步奖二等奖

授奖时间 2014年

成果简介 项目对红掌新品种的栽培技术进行研究，包括栽培基质、温度、光照空气湿度、水分控制和病虫害防治等；筛选不同季节和不同生长时期的营养液配方，较好地总结红掌盆花和切花的栽培技术，为新品种推广应用提供了技术支撑。项目进行了红掌种苗繁育技术研究，确定了种苗繁育相关的技术参数，培育了优质红掌种苗；培育了一批有市场潜力的红掌新品种并申请了国家植物新品种11个和云南省植物新品种11个，新品种推广到宁夏、黑龙江哈尔滨、海南和云南河口，产生了良好的经济效益和社会效益；对新品种进行了综合性状调查和总结，并撰写了红掌盆花和切花栽培技术规范。

奖状

云南省热带作物科学研究所：

你单位完成的红掌新品种种苗繁育技术及配套栽培技术研究与示范项目，荣获我州2014年度科学技术进步贰等奖，特颁发此奖状，以资鼓励。

获奖单位：云南省热带作物科学研究所

获奖人员：周堂英 李惠波 周红龙 李国华 倪书邦 周明 李春丽

2015年2月10日

暗褐网柄牛肝菌营养方式及菌丝胞外酶活性研究

主要完成单位 云南省热带作物科学研究所

主要完成人员 张春霞、高锋、何明霞、曹旸、刘静、王文兵、许欣景、王云

授奖级别 西双版纳州科学技术进步奖二等奖

授奖时间 2015年

成果简介 项目通过对暗褐网柄牛肝菌的生态调查、人工接种试验和胞外酶活性测定等试验研究，探明了其营养方式，为菇房人工栽培及田间仿生栽培提供了坚实的理论依据。

结果表明，项目中的42种宿主植物根系生长暗褐网柄牛肝菌子实体，其中，21种宿主植物根系上有菌腔虫瘿形成，与暗褐网柄牛肝菌形成菌腔虫瘿的蚧虫有9种；暗褐网柄牛肝菌不是一种外生菌根菌，明确其具有腐生性，并在此基础上研发出了温室栽培暗褐网柄牛肝菌的方法；暗褐网柄牛肝菌和根粉蚧有密切的关系，能与粉蚧形成“菌腔虫瘿”，植物根系上菌腔虫瘿形成后就会出菇，且菌腔虫瘿的多寡和牛肝菌的产量有密切关系，形成的菌腔虫瘿对宿主植物根有一定的寄生性，但是不会产生致命伤害，并在此基础上研发出了田间林下栽培暗褐网柄牛肝菌的方法；暗褐网柄牛肝菌可产生淀粉酶和纤维素酶，在子实体形成过程中，羧甲基纤维素酶活性远低于对照腐生食用菌，淀粉酶活性峰值较杏鲍菇和香菇低，比平菇高；整个过程检测不到滤纸酶、漆酶活性；暗褐网柄牛肝菌胞外酶活性变化与子实体形成过程无严格相关性，不具有典型腐生食用菌的胞外酶活性变化特征。

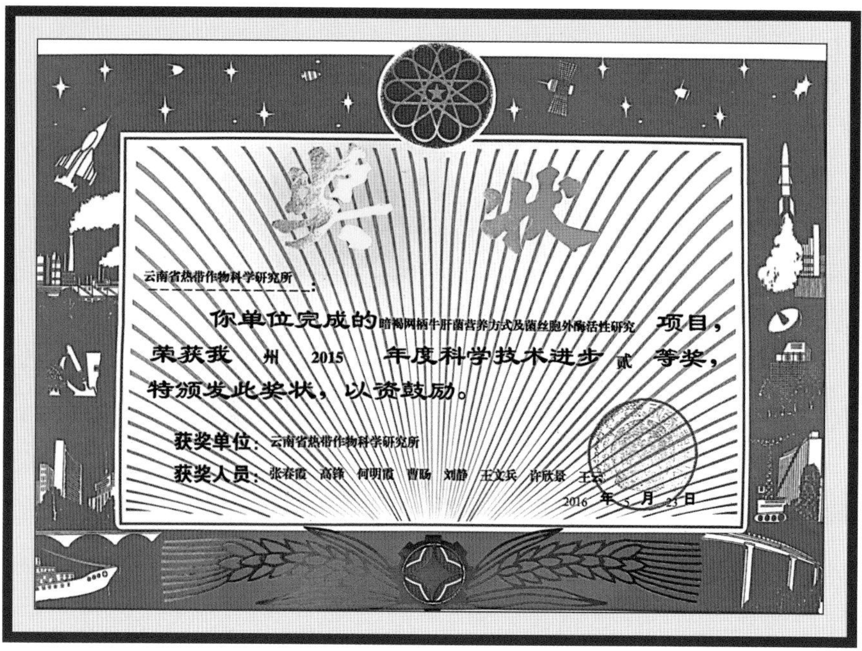

奖状

云南省热带作物科学研究所：

你单位完成的暗褐网柄牛肝菌营养方式及菌丝胞外酶活性研究项目，荣获我州2015年度科学技术进步贰等奖，特颁发此奖状，以资鼓励。

获奖单位：云南省热带作物科学研究所

获奖人员：张春霞 高锋 何明霞 曹旸 刘静 王文兵 许欣景 王云

2016年5月23日

神奇保健植物辣木及其栽培技术

主要完成单位 云南省热带作物科学研究所

主要完成人员 刘昌芬、林有兴、李国华、龙继明、杨焱、蒋桂芝、熊海鹰

授奖级别 西双版纳州科学技术进步奖二等奖

授奖时间 2015年

成果简介 《神奇保健植物辣木及其栽培技术》全书共9章，系统、详细地介绍了辣木的分类地位、起源、分布、发展概况、应用价值、营养价值、保健功效、生物学特性、栽培技术、用途及产品开发等内容。

本书详细描述了发现并引进的新资源植物辣木，图文并茂，编排了大量第一手资料、照片和附表，栽培技术、病虫害等配有图片易于为大众所理解和接受，同时，增加了辣木作为食材的菜谱及烹饪方法和辣木营养成分占人体推荐膳食供给量RDA或适宜摄入量AI的比例，让读者更容易地了解辣木，并做出可口、营养辣木菜肴。

本书聚科普知识和专业技术一体，具有鲜明的创新性、前瞻性、可操作性、适用性，通俗易懂、表现形式生动有趣可读性强、但创作难度大，耗时长，大部分内容是作者近10年的研究成果。

奖状

云南省热带作物科学研究所：

你单位完成的 神奇保健植物辣木及其栽培技术 项目，荣获我 州 2015 年度科学技术进步 贰 等奖，特颁发此奖状，以资鼓励。

获奖单位：云南省热带作物科学研究所

获奖人员：刘昌芬 林有兴 李国华 龙继明 杨焱 蒋桂芝 熊海燕

2016 年 5 月 23 日

辣木设施栽培技术研究

主要完成单位 云南省热带作物科学研究所

主要完成人员 杨焱、刘昌芬、龙继明、李海泉、张祖兵、蒋桂芝、伍英、段波、蔡志英

授奖级别 西双版纳州科学技术进步奖二等奖

授奖时间 2015年

成果简介 项目针对辣木露地栽培中常见的水肥调控难度大、园地肥力退化、产量不稳定、雨季集中导致病害严重等问题，开展了辣木设施栽培技术的研究。

通过试验，筛选出不同理化性质的基质和适当配比，构建了适合辣木根系需要的良好生长环境，降低辣木因露地栽培过程中环境污染、土壤污染带来的重金属吸附含量超标问题，使辣木品质和产量得到提高。

确定了西双版纳地区辣木设施栽培过程中的主要虫害，并就高效、安全、生态、经济地控制害虫提出综合防治措施，减低农残，食用安全得到保障。

通过设施基质栽培、密植和集约化生产管理，克服了辣木在田间种植产量低、病害严重等问题，达到周年生产，并极大地提高辣木鲜叶、嫩梢的生物量和品质，具有良好的经济效益，为后续优质高效发展辣木种植和产业持续发展提供了支持。

奖状

云南省热带作物科学研究所：

你单位完成的 辣木设施栽培技术研究 项目，荣获我 州 2015 年度科学技术进步 贰 等奖，特颁发此奖状，以资鼓励。

获奖单位：云南省热带作物科学研究所

获奖人员：杨焱 刘昌芬 龙继明 李海泉 张祖兵 蒋桂芝 伍英 段波 蔡志英

2016 年 5 月 23 日

澳洲坚果乙烯利促落果高效采收技术研究与示范

主要完成单位 云南省热带作物科学研究所

主要完成人员 柳觐、倪书邦、贺熙勇、孔广红

授奖级别 西双版纳州科学技术进步奖二等奖

授奖时间 2016年

成果简介 项目针对澳洲坚果果实采收难、采收成本高的关键问题，选择云南省种植面积最大的‘A16’‘Own Choice’‘HAES900’‘HAES294’和‘HAES800’等5个澳洲坚果主栽品种，通过系统研究，率先在国内建立了一套澳洲坚果乙烯利促落果高效采收技术，探明了不同品种促落果效果最好的乙烯利溶液pH值、溶液浓度及喷施时期等指标体系，该技术使果实成熟期内集中落果率达90%以上，采收周期明显缩短，因雨水造成的果实霉变损失明显减少。同时，对乙烯利促落果高效采收技术和常规采收方式的成本进行了核算与比较，发现使用乙烯利促落果高效采收技术可使采收成本降低25.07%。本项目研发的乙烯利促脱高效采收方法成本低、效果好，通过开展各类技术培训和讲座使技术人员和果农熟练掌握了该项技术，为大面积的示范推广奠定了基础。

二等奖

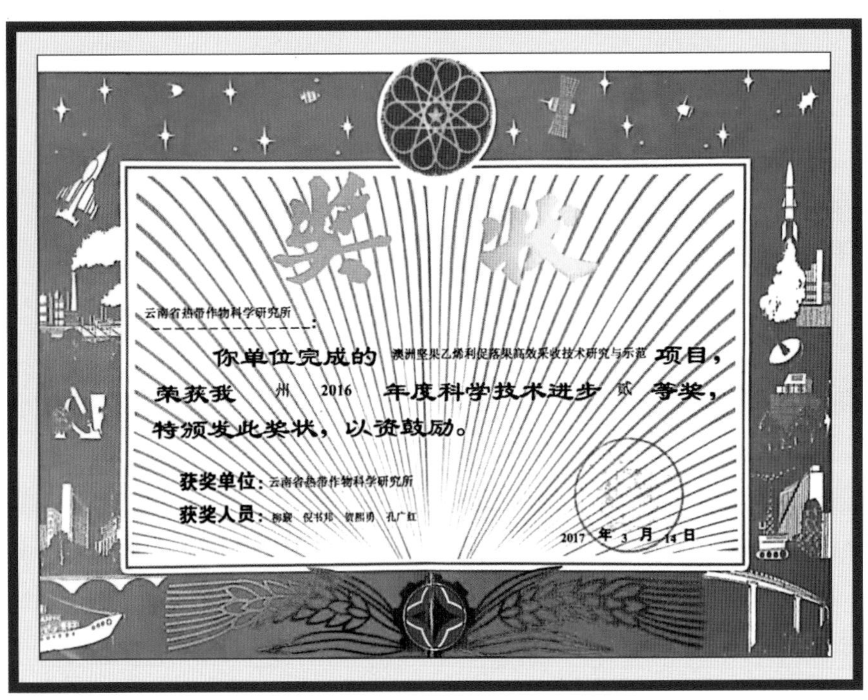
奖状

云南省热带作物科学研究所：

你单位完成的澳洲坚果乙烯利促落果高效采收技术研究与示范项目，荣获我 州 2016 年度科学技术进步贰等奖，特颁发此奖状，以资鼓励。

获奖单位：云南省热带作物科学研究所

获奖人员：柳觐 倪书邦 贺熙勇 孔广红

2017年3月14日

辣木引种栽培技术及开发利用评价研究示范

主要完成单位　云南省热带作物科学研究所

主要完成人员　李国华、杨焱、龙继明、蒋桂芝、李海泉、伍英、张祖兵、白旭华、郭刚军

授奖级别　西双版纳州科学技术进步奖二等奖

授奖时间　2016年

成果简介　项目针对辣木是具有独特经济价值的热带植物，开展引种、营养成分评价、辣木叶食用安全性评价、病虫害防控等系列研究。2002—2015年，先后引进多油辣木、狭瓣辣木、北方辣木、象腿辣木等4个种和‘PKM1’‘PKM2’等2个品种；收集保存种质65份。测定了辣木不同种和品种不同组织的营养成分含量，开展了辣木叶食用安全性评价，表明辣木营养成分全面且含量高，食用安全、无毒。辣木叶于2012年获得国家新资源食品行政许可。初步查清为害辣木的害虫共4纲9目33科45个种，天敌共2纲7目7科19个种；筛选出根腐病防治剂2种、果腐病和枝条回枯病防治剂1种，防效达70%～80%；利用太阳能杀虫灯防治螟蛾，防效达62.3%。为产业持续发展奠定了理论依据。

奖状

云南省热带作物科学研究所：

你单位完成的辣木引种栽培技术及开发利用评价研究示范项目，荣获我州2016年度科学技术进步贰等奖，特颁发此奖状，以资鼓励。

获奖单位：云南省热带作物科学研究所

获奖人员：李国华　杨焱　龙继明　蒋桂芝　李海泉　伍英　张祖兵　白旭华　郭刚军

2017年3月14日

高光谱信息在橡胶树叶片氮素营养快速诊断中的应用研究

主要完成单位 云南省热带作物科学研究所

主要完成人员 黎小清、李春丽、丁华平、刘忠妹、许木果、陈桂良、陈永川、杨春霞、杨丽萍

授奖级别 西双版纳州科学技术进步奖二等奖

授奖时间 2017年

成果简介 项目对不同割龄、不同品种的橡胶树叶片样本氮含量和光谱数据进行统计分析，明确了叶片光谱特征变化和橡胶树叶片氮含量的特有规律，确定了橡胶树叶片氮含量敏感波段范围和特征光谱参数，建立了一套基于高光谱信息的橡胶树叶片氮素营养快速、高效和精确检测技术。

基于采集到的不同品种（‘RRIM600’和‘云研77-4’）、不同割龄（未开割、1～10割龄、11～20割龄和20割龄以上）的1 303个橡胶树叶片样品，在国内首次建立了不同品种、不同割龄和不同氮素营养状况19种橡胶树样本类型橡胶树叶片的光谱特征库。

以反射率、吸光度、导数光谱、三边变量和光谱指数为信息源，通过一元回归模型和偏最小二乘回归模型在国内首次建立了19种橡胶树样本类型橡胶树叶片氮素营养快速诊断模型，通过比较不同品种和割龄组合下的模型预测结果，确定了5个最佳的品种和割龄组合。项目建立的基于高光谱信息的橡胶树叶片氮素营养快速诊断技术在云南省热带作物科学研究所土壤与植物营养研究中心应用，该技术可以准确、迅速和经济地估测橡胶树的氮素状况，与传统的实验室方法相比可节约实验室资源、减少化学试剂废水排放，诊断结果可指导胶农合理施肥，提高产量，具有良好的经济、社会和生态效益，推广应用前景好。

奖状

云南省热带作物科学研究所：

你单位完成的高光谱信息在橡胶树叶片氮素营养快速诊断中的应用研究项目，荣获我州2017年度科学技术进步贰等奖，特颁发此奖状，以资鼓励。

获奖单位：云南省热带作物科学研究所

获奖人员：黎小清 李春丽 丁华平 刘忠妹 许木果 陈桂良 陈永川 杨春霞 杨丽萍

2018年3月21日

云南垦区橡胶宜林地寒害类型区划

主要完成单位 云南省农垦总局设计院、云南省热带作物科学研究所、红河州农垦分局、红河州热带作物研究所

主要完成人员 洪龙汉、罗荣恒、叶汉才、杨立青、王科、方天雄、曾延庆

授奖级别 云南农垦科学技术进步奖二等奖

授奖时间 1989年

成果简介 本项目对云南西部和东部宜胶山地冬季小气候观测证明，不同地形地貌的光、热、水、风等气象要素再分配作用明显，在辐射低温为主的西部垦区，山丘温度分布特点与光热分布规律相结合，构成了阳坡和坡上、坡中部位为高温低湿，光照充足，胶树寒害轻；阴坡、坡下及凹地则反之，胶树寒害重。在平流低温为主的东部垦区，小气候特征是阴、湿、冷、风相结合，呈现阴冷寡照，其迎风坡、风口、丫口、坡上部位寒害严重。晴天辐射降时形成逆温、哀牢山脉以东地区逆温较弱；以西地区逆温强烈，逆温层厚度达300 ~ 500 m。在对山地小气候系统研究的基础上，根据山地复杂的植胶小环境，采用大、中、小环境区划相结合，以大区为前提，中区为基础，小区为重点的植胶环境类型区划。大区主要根据不同降温性质的为害规律进行区划，大致以哀牢山脉为界，分为以辐射低温为主的西部垦区和以平流低温为主的东部垦区；中区以地貌组合、低温状况及已植胶树寒害程度为主要指标，结合指示植物寒害特征进行区划，着重分析区内不同地貌结构与外围屏障、冷空气进出难易和沉积厚度划分为轻寒、中寒、重寒3种类型；小区主要以坡向、坡位、坡度及对寒风迎背为主，结合坡形地貌，已植胶树寒害程度，结合分析小环境避寒优劣划分为轻害、中害、重害3种类

型小区。根据不同植胶环境类型小区提出了对口配置的品种和相适应的栽培措施。20世纪70年代后期起在云南植胶区全面贯彻实施以来，胶园整体抗寒能力大大增强，平均寒害级别减轻二级左右，提高了胶树保存率和有效株率，经济效益显著。

奖状

為表彰一九八九年在科學技術研究及技術推廣工作中作出顯著成績的單位，特授予雲南農墾科學技術成果獎貳等獎。

受獎項目：云南垦区橡胶宜林地寒害类型区划
受獎單位：云南省热带作物科学研究所
獎狀編號：89-004

雲南省農墾總局
一九九〇年二月

二等奖

云南农垦畜禽疫病

主要完成单位　云南省农垦总局生产处

主要完成人员　李志新、周本静、孙云昌、汤汝松、陈伟隆、杨春芳

授奖级别　云南农垦科学技术进步奖二等奖

授奖时间　1991年

成果简介　本项目根据1986年农业部农垦司关于开展畜禽疫病普查通知的精神进行，在云南垦区33个农场和云南省热带作物科学研究所开展了普查工作，其中，12个农场还开展了血清学普查。根据各农垦分局及农场上报的普查资料经过分析、核实、分类汇总，编写了《云南农垦畜禽疫病》一书。该书汇集了垦区内危害畜禽的主要疫病80个，其中，猪病27个、牛病20个、禽病17个、马及其他动物疫病5个，畜禽主要中毒病、代谢病11个。

全书应用畜禽疫病的有关基础理论和较先进的技术手段，首次深入系统地调查总结了云南农垦畜禽疫病的发生、发展、流行规律和近40年的防治经验，资料来源丰富，内容翔实，区域特点突出，章节设置合理，充实了云南兽医文库，是全省尤其是热带、亚热带地区兽医工作的重要参考资料。

云南农垦配合饲料资源调查研究

主要完成单位 云南省农垦总局、云南省热带作物科学研究所

主要完成人员 罗荣恒、汤汝松、周本静、邓中梧

授奖级别 云南农垦科学技术进步奖二等奖

授奖时间 1992年

成果简介 通过调查，摸清了云南省农垦系统饲料资源的种类、品种、数量、分布、利用现状和前景。尤其是对具有潜力和有较高实用价值的橡胶子油饼、葡萄渣、糖蜜及制胶废水资源作了详尽和深入的研究，分析其营养成分含量，进行了氨基酸、矿物质、微量元素和维生素的定性定量分析，并对这些资源的合理利用提出了工艺流程和加工制作方法。据估算，本系统每年可用作配合饲料的稻谷约5×10^4 t，生产米糠7 000 t，小麦14 591 t，生产麦麸300 t，豆渣600 t，玉米3 000 t，花生饼150 t，橡胶籽饼1.5×10^4 t～2×10^4 t，葡萄渣1 300 t。另外，每年还有15×10^4 t的制胶废水，可生产白地霉1.2×10^4 t，折合干粉600 t。这些资源每年可生产猪肉2.2×10^4 t，成为本系统重要的经济收入之一。

本资源调查，是云南省农垦系统首次全面深入的一次饲料资源调查，它较清晰地反映了我系统饲料资源的利用潜力，对指导我系统内饲料资源的合理开发利用提供了科学的决策依据。

云南省橡胶树专用肥料的研制及施用效果的研究

主要完成单位 云南省热带作物科学研究所、云南省化工厅腐植酸微肥办公室、东风农场、景洪农场、勐捧农场、江川星海复合肥厂

主要完成人员 严世孝、林鸿培、李云生、李柯、张佑新、彭若清、高正扬、何剑、李宗成、杨勇、姜明宏、李寿云、李正雄

授奖级别 云南农垦科学技术进步奖二等奖

授奖时间 1993年

成果简介 本项研究应用云南省热带作物科学研究所多年来对橡胶树营养诊断指导施肥的科学资料，根据云南不同植胶区胶树营养状况和胶园土壤肥力情况，选用不同元素种类配方研制生产了一、二、三、四号橡胶树专用肥，进行多点小区肥效试验及大田示范。3年小区肥效试验结果表明：施用专用肥能调节胶树的营养平衡，改善土壤养分状况，干胶产量每株年净增0.3～0.6 kg，增产率6.6%～12.9%，并提高了干胶含量，促进了树围的增长。3年累计大田示范施用面积8 713 hm^2，235.32万株，与常规施肥比较，共增产干胶1 835.5 t，增加产值1 321.57万元，增加利润915万元，经济效益显著。施用专用肥比常规施肥节约化肥费用22.5～33元/hm^2。本项目研制的橡胶树专用肥，适宜云南植胶区结合开展对橡胶树的叶片营养诊断和土壤分析选择相应型号的肥料在生产上推广应用。

奖状

为表彰一九九三年在科学技術研究及技術推廣工作中作出顯著成績的單位，特授予雲南农垦科学技術進步奖贰等奖。

受奖項目 雲南省橡胶树专用肥料的研制及施用效果的研究
受奖單位 雲南省热带作物科学研究所
奖状编號 93-03

雲南省农垦總局
一九九四年五月

应用烟雾新技术防治芒果害虫的研究

主要完成单位　云南省热带作物科学研究所、勐底农场

主要完成人员　裴汝康、齐崇俭、陈积贤、李发昌、王云生、吴仕良、李世郁、宋继武、李学润、杨文会、朱文荣

授奖级别　云南农垦科学技术进步奖二等奖

授奖时间　1993年

成果简介　云南芒果种植区由于自然条件差异大，害虫种类多达137种，尤以花期和幼果期的叶蝉类、天牛类及果象类害虫为害最重。采用常规水剂农药防治，由于山地水源困难，作业劳动强度大，防治成本高，防效差，致使芒果产量低、质量差，经济效益不高。

应用3YD-8型或改装的3MF-4型多用植保机及云南省热带作物科学研究所配制的K·D“烟雾”杀虫剂，在芒果开花期及幼果期喷1～3次，利用“烟雾”弥漫均匀、笼罩面大的特点，可防治花期及幼果期多种害虫，试验示范表明，“烟雾”防治每公顷用药量1.5～3 kg，叶蝉类害喷雾后1～4 h，害虫死亡率达80.4%；天牛类害虫喷雾后25 min，死亡数达最高值。1990年3月和5月在景洪6个点试验，烟防区与常规防治比较，相对防效达96.2%，坐果期挂果率高89.2%，幼果期高85.7%。1991—1993年在临沧勐底农场累计防治示范面积87.43 hm^2，平均产量为7.88 t/hm^2，比常规防治增产4.13 t，优质果比常规防治区高25.6%，每公顷防治成本下降86.3%。3年累计增加产值72.8万元，节约防治费用1.7万元，同时大大节省了防治用工，取得了较好的经济、社会效益。

奖状

为表彰一九九三 年在科学技術研究及技術推廣工作中作出顯著成绩的單位，特授予雲南农垦科学技術進步奖 貳 等奖。

受奖項目 应用烟雾新技术防治芒果害虫的研究

受奖單位 云南省热带作物科学研究所

奖狀編號 93-09

雲南省农垦總局

一九九四年五月

中规模推广级橡胶优良品种云研72-729

主要完成单位 云南省热带作物科学研究所、勐捧农场、孟定农场

主要完成人员 杨少斧、杨雄飞、王正国、徐绍康、高正杨、何荣江、肖桂秀、梁国平

授奖级别 云南农垦科学技术进步奖二等奖

授奖时间 1995年

成果简介 ‘云研72-729’速生高产。杂交亲本为‘PR228’×‘RRIM623’，是云南省热带作物科学研究所从1970年人工杂交苗中的高产个体建立的三生代无性系。1972年参加初级系比，1980—1992年建立高级系比和多点适应性试种，1990年全国橡胶优良品种汇评，被评为小规模推广级。“八五”继续列为育种攻关指标品种研究，进行全面系统的鉴定。

通过各级系比区的试验鉴定，‘云研72-729’确属速生、高产。高级系比区3个重复区1～7割年的产量资料为年平均株产干胶4.56 kg，产量1 717.5 kg/hm^2，分别为对照‘RRIM600’的133.3%和143%，抗性与‘RRIM600’相当，除耐割性稍差外，其他副性状良好。1995年6月通过农业部专家组成果鉴定，被评为中规模推广级，属国内先进水平。

该品种目前在农场已推广种植20 hm^2，1～3割年平均单株年产干胶2.3 kg，产量727.5 kg/hm^2。生势健壮，树干直立，树皮光滑、红润、皮软好割，不长流，胶乳淡黄色，干胶含量高，7年累计死皮率12.1%，指数11.08，尚未发生风害。

奬狀

為表彰一九九四/九五年在科学技術研究及技術推廣工作中作出顯著成績的單位，特授予雲南农垦科学技術進步奬二等奬。

受奬項目 中规模推广级橡胶优良品种云研72-729
受奬單位 省热作处
奬狀編號 P5022

雲南省农垦總局
一九九六年三月

中规模推广级橡胶优良品种云研77-2

主要完成单位 云南省热带作物科学研究所、勐满农场、勐醒农场

主要完成人员 杨少斧、肖桂秀、和丽岗、敖硕昌、杨火土、段世新、梁国平、赵淑娟

授奖级别 云南农垦科学技术进步奖二等奖

授奖时间 1997年

成果简介 ‘云研77-2’抗寒高产。其杂交亲本为‘GT1’×‘PR107’，母树是从海拔1 300 m的思茅前哨点经-0.9℃低温选出，无性系又受0.6℃低温考验，抗寒力较强。1978年参加初级系比，1982年建高级系比，1988年扩大生产试种。1990年全国橡胶品种汇评评为试种级，“八五”期间评为小规模推广级，1997年5月云南省农垦总局品系汇评，评为中规模推广级品种。“九五”继续列为全国橡胶攻关指标品种研究。经系统的观察鉴定，产量、抗性均属优良，属抗寒高产型品种。

产量：在云南省热带作物科学研究所的适应性系比，1～6割年平均干含33.4%，株产3.46 kg，亩产98.3 kg，为对照‘GT1’的164%和179.7%；在勐满农场九分场抗寒系比1～7割年平均干含32.6%，株产3.93 kg，亩产104.4 kg，分别为对照‘GT1’的158.4%和149.8%；在勐醒农场一分场阴坡试验区1～4割年平均干含32.8%，株产2.57 kg，亩产63.4 kg，分别为对照‘GT1’的166.9%和189.3%。

抗性：抗寒力相当于‘GT1’，1983—1984年冬，基诺山示范区最低气温3℃，寒害均级为0.31级，对照‘GT1’为0.35级，一般年份都轻。

奖状

为表彰一九九七年在科学技术研究及技术推广工作中作出显著成绩的单位，特授予云南农垦科学技术进步奖二等奖。

受奖项目 中规模推广级橡胶优良品种云研77-2

受奖单位 云南省热带作物科学研究所

奖状编号 97001

云南省农垦总局

一九九八年二月

中规模推广级橡胶优良品种云研77-4

主要完成单位 云南省热带作物科学研究所、勐满农场、勐醒农场

主要完成人员 杨少斧、肖桂秀、和丽岗、敖硕昌、杨火土、段世新、梁国平、赵淑娟

授奖级别 云南农垦科学技术进步奖二等奖

授奖时间 1997年

成果简介 ‘云研77-4’抗寒高产。其杂交亲本为‘GT1’×‘PR107’。在杂交苗中通过抗寒和产量预测，选抗寒力强、产量高的优良个体繁育无性系，再把无性系作抗寒力鉴定，从而进行初级系比、高级系比和多点适应性栽培试验。1990年，全国橡胶品系汇评评为试种级，“八五”期间评为小规模推广级，1997年5月，云南省农垦总局橡胶优良品系汇评，评为中规模推广级品种。“九五”继续列为全国橡胶攻关指标品种研究。经系统的观察鉴定，产量、抗性均属优良，属抗寒高产型品种。

产量：在云南省热带作物科学研究所适应性系比，1～6割年平均干含33.6%，株产干胶2.65 kg，亩产74.6 kg，分别为对照‘GT1’的128%和136.6%；在勐满九分场抗寒系比，1～7割年平均干含32.2%，株产3.9 kg，亩产84 kg，分别为‘GT1’的158.5%和121.1%；在勐醒一分场的阴坡试验区1～4割年平均株产2.45 kg，亩产61.9 kg，分别为对照的159.1%和184.7%。

抗性：抗寒力强于‘GT1’。在思茅前哨点平均寒害比‘GT1’轻0.9级；在海拔1 000 m的基诺山寒害比‘GT1’轻0.1～0.5级；在海拔1 320 m的大渡岗试种点，寒害比‘GT1’轻0.3～1.2级。

副性状：树干粗壮直立，分枝习性好，耐割不长流，胶乳白色，干胶含量高。

奖状

為表彰一九九七年在科学技術研究及技術推廣工作中作出顯著成績的單位，特授予雲南農墾科学技術進步獎二等獎。

受獎項目 中规模推广级橡胶优良品种云研77-4

受獎單位 云南省热带作物科学研究所

獎狀編號 97004

雲南省農墾總局

一九九八年二月

橡胶树专用肥示范推广

主要完成单位 云南农垦集团公司科技部、景洪农场、东风农场、勐养农场、勐捧农场、孟定农场、坝洒农场、云南省热带作物科学研究所

主要完成人员 罗仲全、李维锐、严世孝、陈克难、彭若清、贺建国、杨庄、刘克勋、彭元森、李信章

授奖级别 云南农垦科学技术进步奖二等奖

授奖时间 1999年

成果简介 该项目为农垦总局下达的“九五”重点推广项目，并作为全局橡胶树割制改革的配套措施组织实施。推广的1号（含N、P）、2号（含N、P、K、Mg）两个型号橡胶树专用肥，由勐养农场天海复合肥厂定点生产。通过1997—1998年在云南省热带作物科学研究所和6个橡胶农场扩大示范推广，累计面积达24.5万亩、613.6万株。经设立的12 624.4亩观测区与常规施肥对照区的对比观测，施1号肥和2号肥的20个观测区各有16个增产，平均净增产率分别为7.5%和7.7%，仅有4个减产（1997年3个，1998年1个），随施肥时间的延长，肥料的效应逐步增加。通过效益计算，两年来增产的观测区累计总增产干胶110.62 t，增加产值91.82万元；减产的观测区共比对照减少干胶8.93 t，减少销售产值7.41万元。增减相抵后，实际增加干胶101.69 t，增加产值84.4万元，扣除成本后，净增收29.28万元。以此推算24.5万亩，共增加干胶1 230.6 t，增加收入125.52万元，经济效益明显。通过施肥，橡胶树叶片营养状况有所改善，部分农场个别胶园缺乏N、K、Mg出现的叶片黄化现象得到改善，有的逐步恢复正常。

奖状

为表彰一九九九年在科学技术研究及技术推广工作中作出显著成绩的单位，特授予云南农垦科学技术进步奖二等奖。

受奖项目 橡胶树专用肥示范推广
受奖单位 云南省热带作物科学研究所
奖状编号 9903

云南省农垦总局
二〇〇〇年五月

云南省澳洲坚果宜植地区划

主要完成单位　云南省热带作物科学研究所、云南省农业工程研究设计院

主要完成人员　张汝、洪龙汉、胡卓勇、肖高中、陈丽兰、贺熙勇、何忠贵、尹东发

授奖级别　云南农垦科学技术进步奖二等奖

授奖时间　1999年

成果简介　本项目对国外澳洲坚果原生地、主产地、国内试种地区的气象、土壤条件及澳洲坚果的生长发育、产量等资料进行了调查、收集、整理分析，以澳洲坚果生长发育过程中的营养生长期、花芽分化与开花期、果实生长期等几个关键时期及关键时期的主导气象因子，即年平均气温、年平均干燥度、多年平均最低气温、各月平均气温、11月至翌年4月平均最低温度，采用模糊数学统计分析法，明确了云南省种植澳洲坚果最适宜、适宜、次适宜的地区，并绘制出宜植地分布图和计算出土地资源面积。其中，最适宜和适宜区主要分布在西双版纳州、思茅、临沧地区及红河、德宏州。为云南澳洲坚果产业发展规划和宜植地选择，提供了科学依据。

红掌组织培养和快速繁殖的研究

主要完成单位 云南省热带作物科学研究所

主要完成人员 梁国平、肖三元、杨焱、黄凤翔、何明霞、管艳、肖晓明

授奖级别 云南农垦科学技术进步奖二等奖

（2004年获西双版纳州科学技术进步奖三等奖）

授奖时间 2004年

成果简介 本项研究利用红掌各部分幼嫩组织，例如叶片、叶柄、茎尖、茎段、花梗进行离体培养，成功诱导出愈伤组织，经分化与继代培养诱导出不定芽，再将不定芽诱导出根系，形成完全植株，从而建立起红掌组培快繁生产技术体系，可规模化生产种苗。

组织快繁的生产流程如下。

外植体（叶片、叶柄、茎尖、茎段和花梗）消毒灭菌→诱导愈伤组织→分化不定芽→继代增殖→生根→出瓶→炼苗→移栽

红掌无菌外植体的建立：首先，将外植体在自来水下冲洗干净，在超净台上先用75%的酒精浸泡几秒钟，再用0.1%升汞液消毒8～10 min，无菌水冲洗4～5次。

红掌培养条件：培养室的温度26℃±2℃，光照强度1 000～1 500 lx（脱分化培养时光照强度可弱一些，800 lx左右或暗培养一周），光照时间9～10 h。

红掌的两次增殖阶段：第一阶段，在脱分化培养中诱导的愈伤组织，先不进行分化培养，而是直接增殖愈伤组织，可快速获得大量优质愈伤组织，为下一步分化培养获得充足的材料。第二阶段，将继代培养诱导出的不定芽，先不进行出根培养，而是将小芽切下诱导丛生芽，丛

生芽再继代增殖，就可获得大量试管苗。采用这种方法增殖，增殖倍数可达几十倍，而且可操作性强，不易污染。

红掌育苗：红掌的根为肉质根，试管苗育苗与温度、湿度、光照强度以及栽培基质有很大关系。红掌育苗最适温度为25～28℃，相对湿度在90%左右，光照强度在15 000 lx以内。栽培基质可用干净的2份粗河沙+1份珍珠岩或6份甘蔗渣+3份泥炭土+1份珍珠岩，后一种基质还可结合水培法进行，效果更好。甘蔗渣用生物菌肥进行发酵或自然发酵后用0.2%多菌灵液浸泡48 h，可大大提高炼苗成活率。

本项研究到2000年已达到规模化生产，可年产100万株红掌组培苗，除销往云南省内元江、玉溪、河口、昆明外，还销往海南等地，对推动国内红掌花卉产业发展起到了积极作用。

云南农垦科学技术进步奖励

证书

为表彰云南农垦科学技术进步奖获得者，特颁发此证书

项目名称：红掌组织培养和快速繁殖的研究

奖励等级：二等奖

获奖者：云南省热带作物科学研究所

二〇〇四年三月二十二日

证书号：200405-2-D01

澳洲坚果优良品种筛选、繁殖及丰产栽培技术研究

主要完成单位 云南省热带作物科学研究所

主要完成人员 倪书邦、贺熙勇、张汝、黄雅志、李加智、周程

授奖级别 云南农垦科学技术进步奖二等奖

授奖时间 2004年

成果简介 本项目较系统全面地对澳洲坚果开展了良种筛选、无性繁殖、丰产栽培和病虫害防治研究。

优良品种筛选在省内布置了不同生态环境条件的8个试验区，参试品种15个。经生长、产量和果仁品质等指标鉴定，初步选出适合云南规模种植的优良品种4个，即‘云澳4号’‘云澳8号’‘云澳10号’和‘云澳13号’。

无性繁殖技术研究表明，嫁接方法宜采用合接法、劈接法和舌接法。嫁接时间以当年10月至翌年3月为宜；砧木材料以‘云澳10号’为佳；接穗直径0.7～1 cm为好；取接穗前进行环割能明显提高嫁接成活率。在上述条件配合下，嫁接成活率可达71.7%以上。扦插使用吲哚丁酸1 000 mg/L处理6 h，生根率可达70%。组培试验中以基段在培养基中进行畸胚增殖丛芽而获得了组培苗。

丰产栽培技术研究：共建立了4个丰产栽培试验区。试验表明，不修枝比修枝的茎围增长快；根圈覆盖茎围增长大于裸地，以地膜覆盖最好；种植形式上，幼树期株行距以4 m×6 m和5 m×8 m生长和结果量表现较好。

通过病虫害调查，发现澳洲坚果害虫151种，其中，经常发生的一级害虫有环蛀扁蛾等8种。害兽2种，即褐家鼠和小家鼠。查清病害18种，分属2个亚门、8个属，其中，14种真菌病害，4种生理病害。对其中主要病虫害开展了生物学特性和防治方法的研究，初步提出了防治办法。

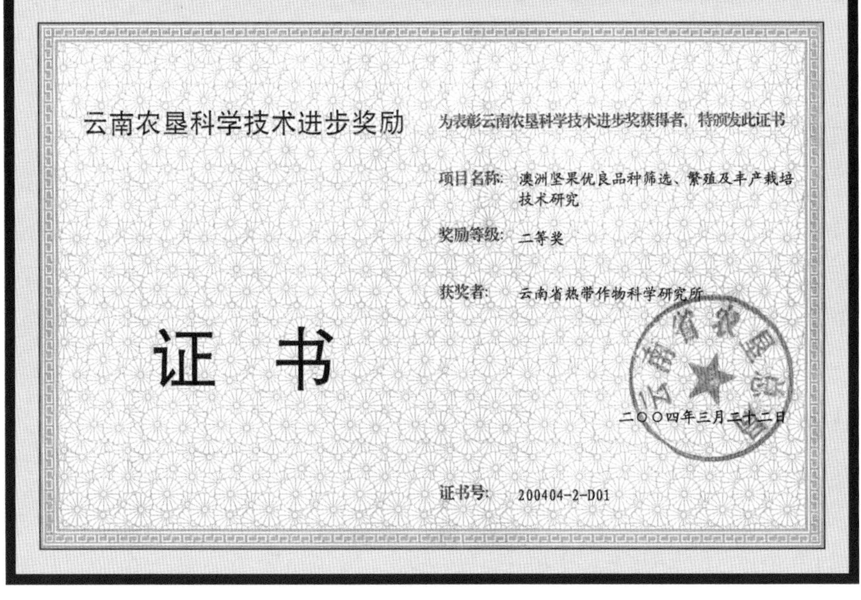
云南农垦科学技术进步奖励

证 书

为表彰云南农垦科学技术进步奖获得者，特颁发此证书

项目名称：澳洲坚果优良品种筛选、繁殖及丰产栽培技术研究

奖励等级：二等奖

获奖者：云南省热带作物科学研究所

二〇〇四年三月二十二日

证书号：200404-2-D01

橡胶树抗病增胶灵的研制与开发

主要完成单位 云南省热带作物科学研究所

主要完成人员 徐明安、胡卓勇、李发昌、周明、蔡志英、徐忠、徐云坤

授奖级别 云南农垦科学技术进步奖二等奖

授奖时间 2006年

成果简介 橡胶树抗病增胶灵是云南省热带作物科学研究所配合全垦区推广橡胶树新割制作为刺激剂而研制开发的新产品，该制剂由乙烯利（ET）、杀菌剂、微量元素和缓释载体组成，具有刺激增产、营养和防病等多种功效，2003年获国家发明专利。该产品的特点如下。

药效长，增产效果好：产品属缓释剂型，呈水溶性胶体，黏附力强，施药区通过载体缓慢地释放出乙烯，在一个施药周期内产量变化平稳，5刀平均比对照（不涂药）增产128.5%，明显大于以羧甲基纤维素钠作载体及以木薯淀粉作载体的生产性用药，后两种分别平均比对照增产19.8%和7.2%。

可防病：该产品含杀菌剂组分，涂药后可以防治割面条溃疡病，节省涂用治疡灵的费用和用工。加入的微量元素能调节胶树营养，提高胶乳产量和干胶含量，促进再生皮生长，增强冬天割面的耐寒力。

保质期长：产品室温贮存一年不变质，仍呈黏稠稳定的胶体，无凝絮，无分层和沉淀现象，因此，无须随配随用，可商品化生产。

使用方便、安全：根据品系和割龄的不同，配制成含有效ET0.3%～5%的系列产品供胶工（胶农）直接选用，便于生产管理和使用，建立了原料、产品检测实验室，可以确保产品质量及使用安全。

该产品2001—2005年在云南农垦及民营胶园已累计推广应用90余万亩，取得了良好的经济、社会效益。

云南农垦科学技术进步奖

证书

为表彰在促进云南农垦科学技术进步工作中做出贡献者，特颁发云南农垦科学技术进步奖证书，以资鼓励。

奖励项目：橡胶树抗病增胶灵的研制与开发

获 奖 者：云南省热带作物科学研究所

奖励等级：二等奖

奖励日期：二〇〇六年五月十二日

证 书 号：200603-2-D01

橡胶园养分变化监测和专用肥开发研究

主要完成单位 云南省热带作物科学研究所

主要完成人员 李春丽、贺明鑫、黎小清、丁华平、杨春霞

授奖级别 云南农垦科学技术进步奖二等奖

（2007年获西双版纳州科学技术进步奖三等奖）

授奖时间 2008年

成果简介 项目针对云南植胶区全面推广乙烯利刺激新割制后带来的影响，例如橡胶树叶片和土壤养分含量的变化，对两个主栽品种‘GT1’‘RRIM600’生产性胶园的土壤和胶树叶片营养状况进行了系统研究，并提出影响品种丰产的大量元素和微量元素营养指标。同时，将云南不同种植区橡胶园不同的营养状况归类为缺氮、缺钾、缺镁、缺氮磷、缺钾富镁、缺磷镁、缺氮磷钾镁、氮磷钾镁正常等8种类型，应用营养诊断配方施肥技术，研发了8种适合不同营养类型的专用肥配方，为胶园科学施肥提供了依据，在云南植胶区具有重要的推广应用价值。

云南农垦科学技术进步奖

证 书

为表彰在促进云南农垦科学技术进步工作中做出贡献者，特颁发云南农垦科学技术进步奖证书，以资鼓励。

奖励项目：橡胶园养分变化监测和专用肥开发研究

获 奖 者：云南省热带作物科学研究所

奖励等级：二等奖

奖励日期：二〇〇八年五月十九日

证 书 号：200805-2-D01

云南省农垦总局

云南胶园耐阴绿肥调查及开发利用评价

主要完成单位 云南省热带作物科学研究所

主要完成人员 杨春霞、李春丽、赵志平、李永梅、贺明鑫、黎小清、丁华平

授奖级别 云南农垦科学技术进步奖二等奖

授奖时间 2010年

成果简介 对云南西双版纳、普洱、红河、德宏及临沧植胶区开割胶园的野生耐阴性绿肥资源进行了全面系统调查，采集标本102份，鉴定出26属45种豆科绿肥，摸清了云南胶园耐阴绿肥资源现状。通过对调查到的绿肥资源开展耐阴性、根瘤情况、肥料价值、饲料价值、生态价值等开发利用评价，筛选出硬毛宿包豆、距瓣豆、假地豆、华扁豆等4种适合坡度较大开割胶园种植的耐阴性绿肥，筛选出毛蔓豆、刺毛黧豆、十一叶木蓝3种适于幼龄胶园和热带果园的覆盖绿肥。在云南省热带作物科学研究所试验基地内建立了1亩优良绿肥种质资源圃，收集保存了20种野生绿肥品种。2007年以来，对筛选出的耐阴经济绿肥距瓣豆、十一叶木蓝在云南省热带作物科学研究所开割胶园内推广种植了100亩，筛选出的毛蔓豆、假地豆在云南省热带作物科学研究所幼龄胶园内推广种植了20亩，以辐射带动云南植胶区全面推广应用。

云南农垦科学技术进步奖

证 书

为表彰在促进云南农垦科学技术进步工作中做出贡献者，特颁发云南农垦科学技术进步奖证书，以资鼓励。

奖励项目：云南胶园耐荫绿肥调查及开发利用评价

获 奖 者：云南省热带作物科学研究所

奖励等级：二等奖

奖励日期：二〇一〇年二月二十日

证 书 号：201007-2-D01

云南省农垦总局

云南省农垦印刷包装厂制

美国落地王鸽的引进及试验研究

主要完成单位 云南省热带作物科学研究所

主要完成人员 汤汝松、杨忠萍、普光保、陈伟

授奖级别 西双版纳州科学技术进步奖三等奖

授奖时间 1999年

成果简介 1995年，云南省热带作物科学研究所首次从广东引进了美国落地王鸽进行饲养，对肉鸽适应性、抗病力、繁殖性能进行研究，填补了肉鸽在西双版纳地区饲养的空白，摸索了肉鸽饲养管理、疾病防治的经验，为肉鸽在西双版纳地区的养殖生产提供了可靠的科学依据，对养殖生产起到较好的指导作用，取得了明显的社会效益和一定的经济效益。

奖状

云南省热带作物科学研究所：

你单位完成的美国落地王鸽的引进及试验研究项目，荣获我州一九九九年度科学技术进步叁等奖，特颁发此奖状，以资鼓励。

获奖单位：

获奖人员：

一九九九年十二月[illegible]日

红掌组织培养和快速繁殖的研究

主要完成单位 云南省热带作物科学研究所

主要完成人员 梁国平、肖三元、杨焱、黄风翔、何明霞、管艳、肖晓明、田海、王文兵

授奖级别 西双版纳州科学技术进步奖三等奖

授奖时间 2004年

成果简介 项目利用红掌各部分幼嫩组织，例如叶片、叶柄、茎尖、茎段、花梗进行离体培养，成功诱导出愈伤组织，经分化与继代培养诱导出不定芽，再将不定芽诱导出根系，形成完全植株，从而建立起红掌组培快繁生产技术体系，可规模化生产种苗。组织快繁的生产流程如下。

外植体（叶片、叶柄、茎尖、茎段和花梗）消毒灭菌→诱导愈伤组织→分化不定芽→继代增殖→生根→出瓶→炼苗→移栽。

红掌无菌外植体的建立：首先，将外植体在自来水下冲洗干净，在超净台上先用75%的酒精浸泡几秒钟，再用0.1%升汞液消毒8～10 min，无菌水冲洗4～5次。

红掌培养条件：培养室的温度26℃±2℃，光照强度1 000～1 500 lx（脱分化培养时光照强度可弱一些，800 lx左右或暗培养一周），光照时间9～10 h。

红掌的两次增殖阶段：第一阶段，在脱分化培养中诱导的愈伤组织，先不进行分化培养，而是直接增殖愈伤组织，可快速获得大量优质愈伤组织，为下一步分化培养获得充足的材料。第二阶段，将继代培养诱导出的不定芽，先不进行出根培养，而是将小芽切下诱导丛生芽，丛生芽再继代增殖，就可获得大量试管苗。采用这种方法增殖，增殖倍数

可达几十倍，而且可操作性强，不易污染。

红掌育苗：红掌的根为肉质根，试管苗育苗与温度、湿度、光照强度以及栽培基质有很大关系。红掌育苗最适温度为25～28℃，相对湿度在90%左右，光照强度在15 000 lx以内。栽培基质可用干净的2份粗河沙+1份珍珠岩或6份甘蔗渣+3份泥炭土+1份珍珠岩，后一种基质还可结合水培法进行，效果更好。甘蔗渣用生物菌肥进行发酵或自然发酵后用0.2%多菌灵液浸泡48 h，可显著提高炼苗成活率。

本项研究到2000年已达到规模化生产、可年产100万株红掌组培苗，除销往本省元江、玉溪、河口、昆明外，还销往海南等地，对推动国内红掌花卉产业发展起到了积极作用。

奖状

云南省热带作物科学研究所：

你单位完成的红掌组织培养和快速繁殖的研究项目，荣获我州二〇〇四年度科学技术进步叁等奖，特颁发此奖状，以资鼓励。

获奖单位：

获奖人员：梁国平、肖三元、杨森、黄凤翔、何明霞、崔艳、肖晓明、田海、王文兵。

二〇〇四年十二月二十八日

橡胶园养分变化监测和专用肥开发研究

主要完成单位 云南省热带作物科学研究所

主要完成人员 李春丽、贺明鑫、黎小清、丁华平、杨春霞

授奖级别 西双版纳州科学技术进步奖三等奖

授奖时间 2007年

成果简介 项目针对云南热区的土壤类型、气候条件，以及采用刺激剂、割胶制度改革后带来的橡胶叶片、土壤养分含量的变化，对云南植胶区两个橡胶主要栽培品种‘GT1’和‘RRIM600’丰产树位橡胶树叶片营养状况和生产性胶园土壤、橡胶树叶片的营养状况进行了系统研究，提出了云南植胶区主栽品种（‘GT1’和‘RRIM600’）橡胶树丰产的叶片营养指标，研究开发了7种适合云南植胶区橡胶树不同营养类型的橡胶专用肥配方，为胶园科学施肥提供了依据。

奖状

云南省热带作物科学研究所：

你单位完成的 橡胶园养分变化监测和专用肥开发研究 项目，荣获我 州 2007 年度科学技术进步 叁 等奖，特颁发此奖状，以资鼓励。

获奖单位：云南省热带作物科学研究所

获奖人员：李春丽 贺明鑫 黎小清 丁华平 杨春霞

2007 年 12 月 28 日

云南热区草菇良种筛选及高效栽培技术研究、示范

主要完成单位　云南省热带作物科学研究所

主要完成人员　纪开萍、何明霞、王文兵、阿红昌、刘昌芬

授奖级别　西双版纳州科学技术进步奖三等奖

授奖时间　2008年

成果简介　该项技术根据草菇栽培特性，立足云南热区的气候及基质资源特点，研究了云南热区草菇良种筛选、高效栽培、病虫害综合防治、周年栽培、菌渣综合利用等技术；研制了性能优良的栽培菇房，解决了草菇栽培过程中菇房加温、保温、保湿关键技术问题；首次报道了草菇栽培中如下技术问题。

改进了菇房加温设施，解决了菇房加温时因炉灶口密封不严、渗漏的煤烟及CO有毒气体对草菇产生的毒害问题；对菇房空间及料面喷洒38℃温水，保持了培养料料面湿度，促进了菌丝生长、出菇及菇蕾生长，解决了草菇床栽料面失水问题；利用培养料二次发酵法对菇房及培养料的消毒作用，最大限度地降低了病源、虫源，加之栽培周期短，不用施药控制病虫害即保证了产品的质量；以橡胶木锯末加稻草栽培草菇，生物效率16.09%～20%；筛选出适宜云南热区以稻草、橡胶木锯末为主要栽培基质的草菇良种3个及高产栽培配方2个，生物学效率分别达到13%～20%，产品质量优良；首次实现云南热区草菇周年栽培，栽培示范1 200 m^2，收菇后的菌渣栽培红掌5亩。

项目为云南热区草菇良种筛选及高效栽培提供技术支撑。

奖状

云南省热带作物科学研究所：

你单位完成的云南热区草菇良种筛选及高效栽培技术研究、示范项目，荣获我州2008年度科学技术进步叁等奖，特颁发此奖状，以资鼓励。

获奖单位：云南省热带作物科学研究所

获奖人员：纪开萍 何明霞 王文兵 阿红昌 刘昌芬

2009年 月 日

三等奖

辣木天然絮凝剂提取工艺及开发研究

主要完成单位　云南省热带作物科学研究所

主要完成人员　白旭华、刘昌芬、黎小清、伍英、姜士宽、徐荣、龙继明、杨焱、李国华

授奖级别　西双版纳州科学技术进步奖三等奖

授奖时间　2009年

成果简介　项目首次在国内采用超临界CO_2流体萃取辣木籽油，确定了超临界CO_2流体萃取辣木籽油的最佳工艺参数，提出了辣木天然絮凝剂提取及纯化工艺；确定了提取辣木天然絮凝剂的最佳品种；试制出辣木天然絮凝剂产品剂型2个，产品的絮凝率>90%；澜沧江水用辣木天然絮凝剂处理后，其浑浊度、嗅味、肉眼可见物、pH值等指标达到《生活饮用水标准》（GB 5749—2006）；辣木天然絮凝剂用于啤酒澄清和城市污水絮凝效果的悬浮物，去除率分别为92.91%和93.38%。

奖状

云南省热带作物科学研究所：

你单位完成的辣木天然絮凝剂提取工艺及开发研究项目，荣获我州2009年度科学技术进步叁等奖，特颁发此奖状，以资鼓励。

获奖单位：云南省热带作物科学研究所

获奖人员：白旭华 刘昌芬 黎小清 伍英 姜士宽 徐荣 [illegible] [illegible] 李国华

2010年1月14日

莲雾良种筛选及产期调控技术研究

主要完成单位 云南省热带作物科学研究所

主要完成人员 李国华、刘代兴、曾建生、赵志平、倪书邦、高世德、张阳梅、李柏霖、原慧芳

授奖级别 西双版纳州科学技术进步奖三等奖

授奖时间 2009年

成果简介 项目通过观测分析，对13个品种在西双版纳的环境适应性和丰产性能进行了评价，初步筛选出环境适应性较好、丰产性能稳定的良种4个，即‘4号’‘7号’‘8号’和‘11号’；再通过生长量观测、抽梢物候的观测、抗寒性指标（相对电导率、丙二醛、脯氨酸、超氧化物歧化酶、过氧化物酶、叶绿素等）测定及对各品种产期调控试验，筛选出了‘8号’和‘7号’两个与本地生态条件相适应并适合产期调控的优良品种。

通过本项目的实施，销售水果8 600 kg，苗木2 000株，实现销售收入10.56万元；项目实施后筛选出的莲雾优良品种和总结出的优质、丰产产期调控技术不仅可以提升现有生产性种植基地的生产水平，而且可以大力推动云南省莲雾产业的发展，促进边疆少数民族地区农业产业结构调整和农村经济、社会的发展。

三等奖

奖状
云南省热带作物科学研究所：
你单位完成的 莲雾良种筛选及产期调控技术研究 项目，
荣获我 州 2009 年度科学技术进步 叁 等奖，
特颁发此奖状，以资鼓励。
获奖单位：云南省热带作物科学研究所
获奖人员：李国华 刘代兴 曾建生 赵志平 倪书邦 原慧芳
2010年 1月 14日

西双版纳地区橡胶树介壳虫寄生蜂的资源调查及应用评价

主要完成单位 云南省热带作物科学研究所

主要完成人员 吴忠华、杨友兰、李国华、周明、阿红昌、王进强、张祖兵

授奖级别 西双版纳州科学技术进步奖三等奖

授奖时间 2011年

成果简介 项目收集到西双版纳胶园橡胶盔蚧寄生蜂2 458头，隶属4科11属14种，查到云南省寄生蜂新记录7种；总结归纳出西双版纳地区橡胶盔蚧寄生蜂种类检索表，并提供了鉴别特征图；筛选出优雅岐脉跳小蜂和蜡蚧褐腰啮小蜂为橡胶盔蚧寄生蜂的优势种。

橡胶盔蚧及其寄生蜂种群在橡胶树上的空间分布型均为聚集分布，且种群密度越高，分布越聚集；寄生蜂种群消长变化趋势与橡胶盔蚧基本一致，寄生蜂种群数量随着橡胶盔蚧种群的波动而波动，有明显的跟随效应，但有一定的滞后效应。农药对寄生率的影响较大，对寄生蜂的杀伤力较强。

提出对橡胶盔蚧实行综合防治措施的建议：在保护和利用寄生蜂的基础上科学用药，建立自然种群以有效控制橡胶盔蚧的数量，同时，结合合理的栽培管理措施；化学防治只在避开寄生蜂的高峰期和在越冬代橡胶盔蚧初孵若虫期使用。

三等奖

奖状

云南省热带作物科学研究所：

你单位完成的 西双版纳地区橡胶树介壳虫寄生蜂的资源调查及应用评价 项目，荣获我 州 2011 年度科学技术进步 叁 等奖，特颁发此奖状，以资鼓励。

获奖单位：云南省热带作物科学研究所

获奖人员：吴忠华 杨友兰 李国华 周明 阿红昌 王进强 张祖兵

2012年2月8日

巴西橡胶树新品种前哨苗圃抗寒试验

主要完成单位 云南省热带作物科学研究所、云南热带作物职业学院、云南省红河热带农业科学研究所

主要完成人员 肖再云、刘忠亮、宁连云、宋国敏、李芹、和丽岗

授奖级别 西双版纳州科学技术进步奖三等奖

授奖时间 2012年

成果简介 项目通过在思茅和河口建立橡胶树抗寒前哨苗圃，检测了引进新品种的抗寒能力，为橡胶树抗寒种植及抗寒育种提供新材料；确定了53个参试品种的抗寒力及其与‘GT1’比较的相对抗寒力；明确定了橡胶树抗寒种植前可通过预先对苗木进行抗寒锻炼来提高保苗率；筛选出抗寒力超过‘GT1’的橡胶树新品种3个；收集了2007—2010年思茅、河口前哨苗圃的冬季气象资料。

奖状

云南省热带作物科学研究所：

你单位完成的巴西橡胶树新品种前哨苗圃抗寒试验项目，荣获我州2012年度科学技术进步叁等奖，特颁发此奖状，以资鼓励。

获奖单位：云南省热带作物科学研究所 云南热带作物职业学院 云南省红河热带农业科学研究所

获奖人员：肖再云 刘忠亮 宁连云 宋国敏 李芹 和丽岗

2013年3月20日

三等奖

橡胶树逆境生理生态研究

主要完成单位　云南省热带作物科学研究所

主要完成人员　田耀华、刘世红、原慧芳、宫丽丹、周会平、岳海、李国华

授奖级别　西双版纳州科学技术进步奖三等奖

授奖时间　2013年

成果简介　项目采用人工模拟结合自然环境的方法，对低温、强光、干旱、高海拔、废气污染胁迫下橡胶树现有大规模推广品种、拟推广品种和其他试验品种生理生态响应开展研究。建立了橡胶树低温胁迫、光照胁迫和水分胁迫生理生化指标测定体系，为橡胶树品种选育提供快速准确的测定方法，阐明了橡胶树低温、强光和水分胁迫下的受害机理，同时，对部分橡胶树品种进行抗寒、抗旱和光环境等级划分，丰富和完善了“环境—品系—措施”“三对口”的抗寒高产植胶技术，为进一步制定有效的田间管理措施和建立新一代生态经济型胶园提供了科学依据，具有重要的学术与应用价值。

奖状

云南省热带作物科学研究所：

你单位完成的橡胶树逆境生理生态研究项目，荣获我州2013年度科学技术进步叁等奖，特颁发此奖状，以资鼓励。

获奖单位：云南省热带作物科学研究所

获奖人员：田耀华　刘世红　原慧芳　宫丽丹　周会平　岳海　李国华

2014年2月18日

云南省橡胶树棒孢霉落叶病防控技术研究

主要完成单位 云南省热带作物科学研究所

主要完成人员 张春霞、王进强、何明霞、蒋桂芝、王树明、苏海鹏、白建相

授奖级别 西双版纳州科学技术进步奖三等奖

授奖时间 2013年

成果简介 项目调查了橡胶树棒孢霉落叶病病害发生情况，在所有调查点中，除孟定外均发现有该病的存在，其中，河口和西双版纳的苗圃感病较重；鉴定出橡胶树棒孢霉落叶病的病原菌为多主棒孢 *Corynespora cassiicola*（Berk and Curt）Wei，明确了多主棒孢的生物学特性：菌丝生长的适宜温度范围为25～30℃，最适温度为30℃，最适pH值范围为4～8，菌丝在以麦芽糖为碳源和以KNO_3为氮源的培养基上生长最好，分生孢子萌发的适宜温度范围为20～35℃，最适温度为25℃，水滴是孢子萌发的必要条件，不同pH值时分生孢子萌发无明显差异，分生孢子在果糖中萌发率最低；开展了橡胶多主棒孢室内毒力测定，采用菌丝生长速率法测定了16种杀菌剂对橡胶树多主棒孢的毒力，结果表明，50%咪鲜胺锰盐WP、50%多菌灵WP和25%咪鲜胺EC是室内毒力较好的药剂；开展苗圃橡胶树棒孢落叶病防治药剂筛选；通过菌块接种法、孢子悬浮液接种法、粗毒素接种法和苗圃活体叶片接种法对9个橡胶主栽品系进行抗病性评价，结果表明，不同接种体或不同的接种方法获得的抗性评价结果大致相同，但是也存在一定的差异。项目为云南省橡胶树棒孢霉落叶病防控提供技术支撑。

三等奖

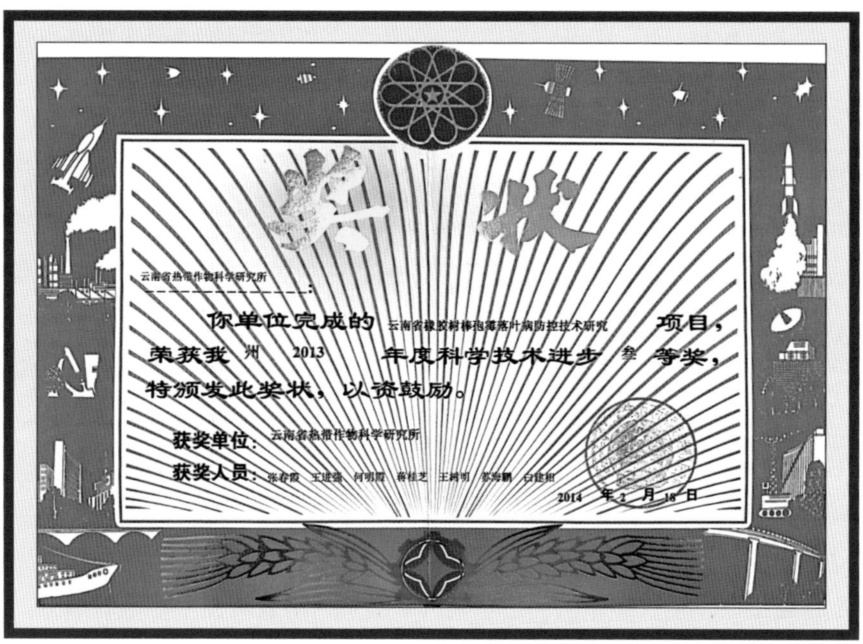

奖状

云南省热带作物科学研究所：

你单位完成的云南省橡胶树棒孢霉落叶病防控技术研究项目，荣获我州2013年度科学技术进步叁等奖，特颁发此奖状，以资鼓励。

获奖单位：云南省热带作物科学研究所

获奖人员：张春霞 王进强 何明霞 蒋桂芝 王树明 郭海鹏 白建相

2014年2月18日

诺丽在西双版纳引种试种及开发利用

主要完成单位 云南省热带作物科学研究所

主要完成人员 刘昌芬、李海泉、龙继明、杨焱、蔡志英、黄菁、徐荣

授奖级别 西双版纳州科学技术进步奖三等奖

授奖时间 2014年

成果简介 项目进行引种及基地建设，先后从国内外引进诺丽种质4个，2008年，西南林学院相关课题人员到美国进行考察，引进3个种质，共出苗1 260株，但由于11月中下旬低温90%以上的苗已死亡，2009年移植成活50株；分别于2004年、2008年进行6次种子萌发试验，结果表明，诺丽种子的出芽率与处理温度和湿度关系十分密切，同时，种子萌发率随储存时间的延长而下降，储存一年以上的出芽率不到1%，而刚采收的出芽率高达87%；2009年8—9月在景洪采两年生诺丽的顶芽、半木栓化枝、全木栓化枝分别用0.5%和0.17%国光生根粉浸泡30 s，对照不作任何处理，基质用黄河沙、白河沙、生红土，试验设计采用正交试验3水平3因子设计，共9个处理，重复3次，每个处理9株，共270株，结果表明，诺丽顶芽、半木栓化和木栓化枝条均在第9 d开始生根，但生根率在0～77.8%，而且不用生根粉处理的生根率更高；通过分析两种肥料4个梯度和两种修剪方法的处理对4份种质生长量和产量的影响，最终筛选适合诺丽生长的最佳肥料组合、最适用量和最佳修剪方法；诺丽植株上常见的病害有4种，即炭疽叶斑病、轮纹叶斑病、裂果和果褐斑病，在诺丽上发现的害虫有19种，其中，为害较重的有1种，天敌昆虫有3种，病虫害发生与季节明显相关。本研究为诺丽在西双版纳引种试种及利用提供技术支撑。

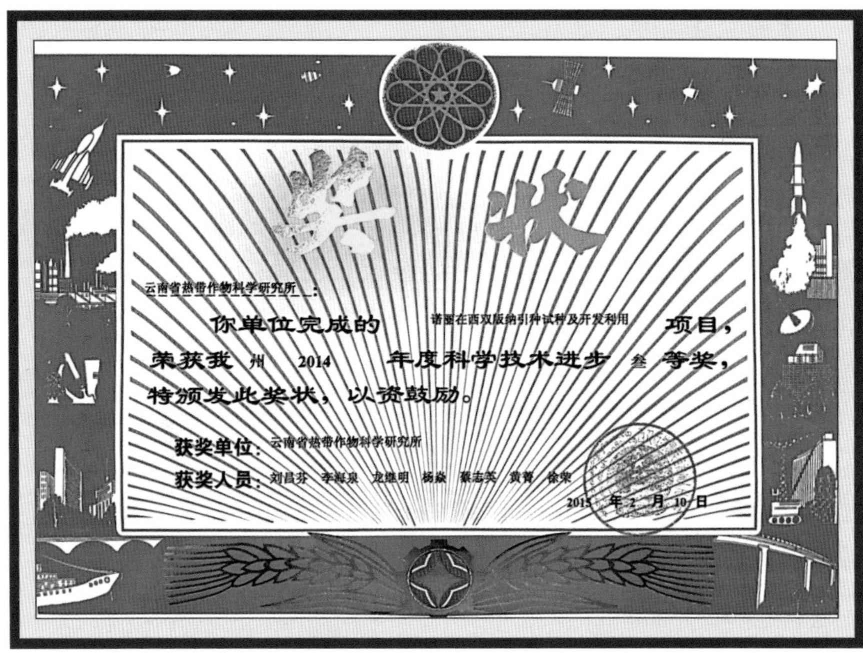

奖状

云南省热带作物科学研究所：

你单位完成的 诺丽在西双版纳引种试种及开发利用 项目，荣获我 州 2014 年度科学技术进步 叁 等奖，特颁发此奖状，以资鼓励。

获奖单位：云南省热带作物科学研究所

获奖人员：刘昌芬 李海泉 龙继明 杨焱 蔡志英 黄菁 徐荣

2015 年 2 月 10 日

橡胶树白粉病病原菌及药剂防治的研究

主要完成单位 云南省热带作物科学研究所

主要完成人员 刘静、周明、李国华、伍英、肖春云、王进强、肖荣才

授奖级别 西双版纳州科学技术进步奖三等奖

授奖时间 2014年

成果简介 项目对云南植胶区主栽品系的白粉病发生情况展开调查并进行致病性试验，开展了橡胶树白粉菌分生孢子萌发及室内外药效试验等方面的研究；摸清了云南橡胶树主栽品系对白粉菌的抗病性，明确了白粉菌分生孢子不同温度下的存活时间和影响其萌发的主要因素；筛选到75%十三吗啉乳油防治效果较好。该项技术解决了防治橡胶树白粉病长期单一使用硫黄粉的局面，为防治橡胶树白粉病提供了新的科学依据，通过在生产上的应用，取得了较好的经济效益和社会效益。

奖状

云南省热带作物科学研究所：

你单位完成的 橡胶树白粉病病原菌及药剂防治的研究 项目，荣获我 州 2014 年度科学技术进步 叁 等奖，特颁发此奖状，以资鼓励。

获奖单位：云南省热带作物科学研究所

获奖人员：刘静 周明 李国华 伍英 肖春云 王进强 肖荣才

2015 年 2 月 10 日

三等奖

优雅歧脉跳小蜂的生物学特性及人工繁殖技术研究

主要完成单位　云南省热带作物科学研究所

主要完成人员　王进强、许丽月、李国华、周明、张祖兵、吴忠华

授奖级别　西双版纳州科学技术进步奖三等奖

授奖时间　2014年

成果简介　项目对优雅歧脉跳小蜂的生物学特性及人工繁殖技术进行了研究，得出了如下结论。项目明确了优雅歧脉跳小蜂成蜂取食、交尾、产卵、处理寄主等生物学习性；得出了不同温度下的成蜂寿命、发育历期和逐日产卵量；明确了寄生率高、出蜂量大的温度；找出了饲养该蜂的最佳营养条件。项目组掌握了行之有效的人工繁蜂技术，即以南瓜繁殖橡胶盔蚧，然后以橡胶盔蚧繁殖优雅歧脉跳小蜂，雌蜂产卵约10 d收集含蜂蚧虫等待出蜂。已在核心期刊（《环境昆虫学报》《植物保护》）上发表论文2篇，正在整理待发表论文2篇。

奖状

云南省热带作物科学研究所：

你单位完成的优雅歧脉跳小蜂的生物学特性及人工繁殖技术研究项目，荣获我州2014年度科学技术进步叁等奖，特颁发此奖状，以资鼓励。

获奖单位：云南省热带作物科学研究所

获奖人员：王进强　许丽月　李国华　周明　张祖兵　吴忠华

2015年2月10日

暗褐网柄牛肝菌田间仿生栽培技术研究

主要完成单位 云南省热带作物科学研究所

主要完成人员 刘静、张春霞、何明霞、曹旸、王文兵、许欣景、高锋

授奖级别 西双版纳州科学技术进步奖三等奖

授奖时间 2016年

成果简介 项目对暗褐网柄牛肝菌仿生栽培的接种菌剂、方法、时间及管理措施等进行较全面的研究，摸清了牛肝菌田间接种较好的菌剂是固体原种；筛选出侧根覆膜法为较好的接种方法；明确了每年接种的最佳时间为7—8月；摸索到一种新的接种方法为畦栽接种法；该项技术解决了暗褐网柄牛肝菌仿生栽培的关键技术问题，为以后田间仿生栽培技术奠定基础，可实现人工经济林的立体栽培，促进资源增长，增加暗褐网柄牛肝菌单位面积的产出率和经济收益，极大促进了农业生产，增加了农民收入。

奖状

云南省热带作物科学研究所：

你单位完成的 暗褐网柄牛肝菌田间仿生栽培技术研究 项目，荣获我 州 2016 年度科学技术进步 叁 等奖，特颁发此奖状，以资鼓励。

获奖单位：云南省热带作物科学研究所

获奖人员：刘静 张春霞 何明霞 曹旸 王文兵 许欣景 高锋

2017 年 3 月 14 日

菠萝新品种的引进与评价

主要完成单位　云南省热带作物科学研究所

主要完成人员　张阳梅、赵志平、高世德、曾建生、刘代兴、刘世红、李柏霖

授奖级别　西双版纳州科学技术进步奖三等奖

授奖时间　2016年

成果简介　项目实施期间引进‘金菠萝’‘冬蜜’‘蜜宝’‘金钻’‘甜蜜蜜’‘苹果’‘黄金’‘perolera’‘pattawia’‘puket1’‘puket2’等11个新品种在景洪进行试验性种植，其中，鲜食品种7个，新鲜加工型品种4个。项目对引进品种株型、叶型、叶刺分布、花色、生长量、株高、小叶数变化等进行了田间观测，对可食率、果汁率、可溶性固形物含量、可滴定酸含量等指标进行了测定，通过品种间的植株性状特征和品质分析，筛选出适合当地种植的鲜食品种‘甜蜜蜜’和2个鲜食加工两用品种‘puket1’和‘pattawia’。初步总结出一套适合西双版纳生产应用的本地卡因的高产栽培技术，主要包括园地开垦、种苗选择、种植技术、田间管理及病虫害防治。

奖状

云南省热带作物科学研究所：

你单位完成的 菠萝新品种的引进与评价 项目，荣获我 州 2016 年度科学技术进步 叁 等奖，特颁发此奖状，以资鼓励。

获奖单位：云南省热带作物科学研究所

获奖人员：张阳梅 赵志平 高世德 曾建生 刘代兴 刘世红 李柏霖

2017 年 3 月 14 日

红掌种质资源细菌性枯萎病的抗性鉴定及相关分子标记的开发应用

主要完成单位 云南省热带作物科学研究所

主要完成人员 王贵、李惠波、周堂英、周红龙

授奖级别 西双版纳州科学技术进步奖三等奖

授奖时间 2017年

成果简介 通过项目实施，了解红掌种质对细菌性枯萎病的抗性特点，筛选出抗性种质和相关RAPD分子标记，为抗性育种提供辅助选择。

项目实施完成的主要研究开发内容：对红掌种质人工接种细菌性枯萎病病菌，利用红掌种质对细菌性枯萎病的相对抗性，筛选出优异抗性种质；在此过程中详细了解细菌性枯萎病菌的侵染途径、发病规律及对不同种质的为害程度等，并对红掌细菌性枯萎病的发生及为害建立一个分级标准；选用180多份红掌种质，人工接种细菌性枯萎病病菌，利用红掌种质对细菌性枯萎病的相对抗性，筛选出优异的抗性种质2份，筛选出的抗性种质为084-5271，然后提取每份红掌种质DNA，利用RAPD分子标记技术，设计RAPD引物，筛选出与红掌细菌性枯萎病抗性相关的RAPD分子标记2个；用RAPD分子标记技术，对150条RAPD引物在180份红掌种质进行PCR扩增，筛选出与红掌细菌性枯萎病抗性相关的RAPD分子标记引物2个，分别为CATCCCCCTG和TGCGGCTGAG；最后整理研究结果，从生理表现及分子辅助育种角度对红掌细菌性枯萎病做研究探讨。发表研究论文2篇。

奖状

云南省热带作物科学研究所：

你单位完成的 红掌种质资源细菌性枯萎病的抗性鉴定及相关分子标记的开发应用 项目，荣获我 州 2017 年度科学技术进步 叁 等奖，特颁发此奖状，以资鼓励。

获奖单位：云南省热带作物科学研究所

获奖人员：王贵 李惠波 周堂英 周红龙

2018 年 3 月 21 日

优雅歧脉跳小蜂人工扩繁及田间防治橡胶盔蚧试验示范

主要完成单位　云南省热带作物科学研究所

主要完成人员　王进强、许丽月、张永科、朱国渊、段波、周明

授奖级别　西双版纳州科学技术进步奖三等奖

授奖时间　2017年

成果简介　项目是针对云南天然橡胶树害虫橡胶盔蚧的暴发而采取的生物防治措施，具体是对天敌优雅歧脉跳小蜂进行人工扩大繁殖，然后释放到田间防治橡胶盔蚧。项目首先解决了高效繁殖优雅歧脉跳小蜂的问题，在专利“一种优雅歧脉跳小蜂的人工繁殖方法”（授权专利号：*ZL*201110092359.2）的基础上，通过“南瓜—蚧虫—产卵母蜂—子代寄生蜂”数量关系的研究，最终确定“蚧虫—产卵母蜂”的最佳数量比；通过羽化节律的研究，得出集中收蜂的时间；通过蜂蛹冷藏保存技术研究，找出了出蜂率≥80%的最佳冷藏温度和时间，从而形成了一套高效的人工繁殖方法；随后在橡胶苗圃地和成龄林地分别开展了防治试验，得出了适合不同林地的放蜂点高度、蜂蚧比等参数，摸索出防效高的放蜂方法。最后开展了防治示范，累计在云南省热带作物科学研究所、东风农场、勐满农场等地苗圃示范1 490亩，在盈江农场、瑞丽农场成龄橡胶园防治示范350亩。

奖状

云南省热带作物科学研究所：

你单位完成的 项目，荣获我 州 2017 年度科学技术进步 叁 等奖，特颁发此奖状，以资鼓励。

获奖单位：云南省热带作物科学研究所

获奖人员：王进强 许丽月 张永科 朱国渊 段波 周明

2018 年 3 月 21 日

油棕新品种在西双版纳的引种试种及评价

主要完成单位　云南省热带作物科学研究所

主要完成人员　刘世红、倪书邦、宫丽丹、魏丽萍

授奖级别　西双版纳州科学技术进步奖三等奖

授奖时间　2017年

成果简介　项目对引进的‘T1’‘T2’‘T3’‘M1’‘RY4’‘RY6’等6个油棕品种，从农艺性状、光合特性、抗性等方面进行了比较分析评价，结果表明，6个新品种在投产早、中果皮厚、核壳薄、出油率等方面的表现均优于老品种；6个新品种比较，‘T1’品种生长较快，抗寒性较强，光适应性较好，中果皮含油率、中果皮主要脂肪酸含量及产油量较高，在西双版纳的适应性表现最好。项目同时开展了油棕的种子发芽、施肥、修叶、花性调控和油棕象甲传粉等试验，初步形成了一套适宜本地区的油棕栽培技术。

奖状

云南省热带作物科学研究所：

你单位完成的油棕新品种在西双版纳的引种试种及评价项目，荣获我州2017年度科学技术进步叁等奖，特颁发此奖状，以资鼓励。

获奖单位：云南省热带作物科学研究所

获奖人员：刘世红　倪书邦　宫丽丹　魏丽萍

2018年3月21日

云南优良橡胶树品种幼态芽条繁殖技术的研究

主要完成单位 云南省热带作物科学研究所

主要完成人员 桂明春、李玲、梁国平、管艳、田海、张志宏

授奖级别 西双版纳州科学技术进步奖三等奖

授奖时间 2017年

成果简介 项目结合云南省橡胶树苗木生产需求，首次以云南省植胶区优良品种的幼态植株为外植体开展了橡胶树幼态芽条繁殖技术的研究；通过研究温度、光照强度、外源激素、营养成分等因子对幼态微型芽条离体快繁的影响，分别筛选出适宜橡胶树体胚植株茎尖、茎段和基部3个不同部位培育幼态微型芽条的培养基及培养环境，并建立了‘云研73-477’的幼态微型芽条快繁体系。

奖状

云南省热带作物科学研究所：

你单位完成的 云南优良橡胶树品种幼态芽条繁殖技术的研究 项目，荣获我 州 2017 年度科学技术进步 叁 等奖，特颁发此奖状，以资鼓励。

获奖单位：云南省热带作物科学研究所

获奖人员：桂明春 李玲 梁国平 管艳 田海 张志宏

2018 年 3 月 21 日

三等奖

应用粉锈宁烟雾防治橡胶白粉病技术的研究

主要完成单位 广东省保亭热带作物研究所、云南省热带作物科学研究所

主要完成人员 邵志忠、肖永清、陈积贤、李朝诚、周建军

授奖级别 云南农垦科学技术进步奖三等奖

授奖时间 1989年

成果简介 使用3YD-8型烟雾机喷雾15%粉锈宁烟雾剂防治橡胶白粉病的效果与喷撒硫黄粉相当，可以控制白粉病的为害。其技术要点如下。

根据白粉病的流行预测和防治工作要求，掌握时间喷药1～2次，间隔9～12 d。每次用粉锈宁90～150 g（有效成分）/hm^2。喷药后12 h遇10 mm以下的小雨不用补喷，对防效无明显影响。

本项技术适于各种地形的老、幼龄胶园，而在山高坡陡的地区和喷药期间遇阴雨天气条件下更能发挥其优势和作用。

奖状

為表彰一九八九年在科學技術研究及技術推廣工作中作出顯著成績的單位，特授予雲南農墾科學技術成果獎叁等獎。

受獎項目：应用粉锈宁烟雾防治橡胶白粉病技术的研究

受獎單位：[illegible]

獎狀編号：89—021

雲南省農墾總局

一九九〇年[illegible]月

云南垦区新一代橡胶园建设目标及方案

主要完成单位 云南省农垦总局设计院、云南省热带作物科学研究所

主要完成人员 周光武、张汝、龚光前、洪龙汉、莫壮者

授奖级别 云南农垦科学技术进步奖三等奖

授奖时间 1992年

成果简介 项目通过收集大量资料，认真总结生产单位经验，结合气象、土壤、生态、橡胶树育种及栽培、植保等相关科研成果，有关技术规程及标准，并进行实地调研后完成《云南垦区新一代橡胶园建设目标及方案》。其主要内容为五章。

第一章：第一代橡胶园生产经验总结。重点总结了云南植胶区寒害类型的中、小区和宜林地划分的等级标准及分布范围；“环境、品系、技术措施”对口种植和“管、割、养”集约经营的基本经验。

第二章：重点从气候等环境因子分析云南橡胶树生长、产胶水平的理论依据和完善了环境类型和橡胶宜林地划分的体系。

第三章：重点提出新一代胶园应达到的经济、生态指标，达到指标的主要措施和提出胶园间种的适宜范围，间作的经济效益分析，并专题指出东部垦区（河口）建立防风（寒）林的必要性和初步意见。

第四章：按不同寒害类型区和宜林地提出7个新一代橡胶园种植方案、技术标准和主要要求。

第五章：重点提出近期内建设好新一代橡胶园的有关策略和技术方面应研究解决的问题。

《云南垦区新一代橡胶园建设目标及方案》对垦区新一代胶园建设具有指导性和实用性。1991年11月云南省农垦总局已印发有关单位参考应用。

云南省橡胶树综合标准

主要完成单位　云南省热带作物科学研究所、云南省农垦总局

主要完成人员　黄克新、王任智

授奖级别　云南农垦科学技术进步奖三等奖

授奖时间　1992年

成果简介　本标准以云南省农垦总局制订的《云南省橡胶栽培技术规程》实施细则为依据，并吸取了近年科技成果及生产实践经验，结合民营橡胶发展的具体情况编写而成。内容包括橡胶树宜林地的选择和划分，橡胶树选育种技术，橡胶树宜林地开垦、定植技术，橡胶树幼龄、成龄期的抚育管理，橡胶树割胶技术，橡胶树主要病虫害防治和橡胶树风、寒害处理等20项内容。经云南省标准计量局审定，1989年12月8日作为云南省地方标准正式颁布，在全省橡胶生产中实施。

獎狀

為表彰一九九二年在科學技術研究及技術推廣工作中作出顯著成績的單位，特授予雲南農墾科學技術進步獎三等獎。

受獎項目　云南省橡胶树综合标准
受獎單位　云南省热带作物科学研究所
獎狀編號　92-22

雲南省農墾總局
一九九三年七月

西双版纳高产胶园生态环境条件研究

主要完成单位　云南省热带作物科学研究所、西双版纳州农垦分局

主要完成人员　张汝、林鸿培、张佐周、张玉萼、朱晓东、胡卓勇、何自力、吴维松、肖晓英、杨俊、付开芳、李铁山、陈云

授奖级别　云南农垦科学技术进步奖三等奖

授奖时间　1992年

成果简介　1988年，对西双版纳垦区的高产树位进行了调查；1989年，对该垦区7个农场共75个岗位71.56 hm^{2}的‘RRIM600’胶园进行了测定；1990年，在此基础上增加云南省东部垦区蚂蝗堡农场及西部垦区孟定农场共计79个岗位83.9 hm^{2}胶园作进一步对比性分析，最后根据取得的15 000多个数据作计算机统计分析，初步结果如下。

经33个因子与亩产干胶关系分析，有11个因子达显著或极显著相关，其中，极显著相关的有株产干胶、有效割株和岗位面积。根据统计分析，若使有关生态条件处于较佳状态，西双版纳‘RRIM600’第10～15割龄干胶产量可达4 500 kg/hm^2（亩产干胶300 kg）。形成西双版纳垦区胶树一年割胶期中产量呈双峰曲线变化的主要生态条件是气象因素，其中，又以日照时数、气温日较差和割胶时的气温为主导因子。西双版纳胶园高产的有利生态条件为“天适地利”，即土壤和橡胶叶片具有丰产的营养水平，气候除有利于胶乳合成、积累外，更有利于排出。

本研究的特点是以生产性胶园群体为对象，经生物统计方法得出定量指标和结论，有一定的理论基础和生产实用价值。

三等奖

奖状
為表彰一九九二年在科学技術研究及技術推廣工作中作出顯著成績的單位，特授予雲南農墾科学技術進步奖三等奖。
受奖項目 西双版纳高产胶园生态环境条件研究
受奖單位 云南省热带作物科学研究所
奖状编號 92-24
雲南省農墾總局
一九九三年 月

河口垦区种植业结构调整调研

主要完成单位 云南省热带作物学会

主要完成人员 方天雄、周光武、张汝、罗星明、黄卓权、李民、潘华荪、何语立、李传辉、陈伟隆

授奖级别 云南农垦科学技术进步奖三等奖

授奖时间 1994年

成果简介 该调研工作采用对土地资源的实地踏查、对环境条件综合分析评价、市场需求动态及产出效益估算后，确定了宜发展橡胶、肉桂、水果、咖啡、杉木等5类作物的结构，分布面积及应采取的主要农业技术措施。按农业项目可行性研究程序编制了橡胶、肉桂、咖啡3种主要作物项目的可行性研究报告供领导决策。调研结果表明，河口垦区不宜继续发展橡胶，而应转向巩固和挖掘潜力来提高土地产出率；肉桂则应加速发展，形成新的骨干产业，以获得较高效益改变垦区目前经济收入较低的状况；水果应把管理、销售、产品加工等经营机制嵌入到农场职工自主经营中，稳定种植面积，发挥商品优势，提高销售收入和效益；咖啡以中粒种为主；杉木在边远地区适当发展。

小规模推广级橡胶优良品种云研77-2

主要完成单位 云南省热带作物科学研究所、勐满农场、勐醒农场

主要完成人员 杨少斧、杨雄飞、王正国、徐绍康、杨火土、段世鑫、肖桂秀、梁国平

授奖级别 云南农垦科学技术进步奖三等奖

授奖时间 1995年

成果简介 ‘云研77-2’是云南省热带作物科学研究所培育的抗寒、高产型新品种，杂交亲本为‘GT1’×‘PR107’。母树是从海拔1 300 m的思茅前哨点经-0.9℃低温考验选出来的，无性系又经前哨点0.6℃低温考验，抗寒力较强。1978年参加初级系比，1982年建高级系比，1988年扩大生产性试种，在各级试验区均表现抗寒、高产、副性状良好。1990年全国橡胶优良品种汇评，被评为试种级，“八五”继续列为攻关指标品种研究。

通过系统的观察鉴定，该品种在高级系比区1～2割年平均单株年产干胶1.67 kg，单位面积产量529 kg/hm^2，分别为对照‘GT1’的172.2%和242.2%，抗寒力强于‘GT1’。较耐割，不长流，树皮再生良好，1995年6月被农业部专家组评为小规模推广级。

目前，该品种已在农场推广6.7 hm^2，早期的胶园即将开割投产，长势良好。

奖状

为表彰一九九四/九五年在科学技术研究及技术推广工作中作出显著成绩的单位，特授予云南农垦科学技术进步奖 三 等奖。

受奖项目 小规模推广级橡胶优良品种云研77-2

受奖单位 省热作所

奖状编号 95027

云南省农垦总局

一九九六年 月

小规模推广级橡胶优良品种云研77-4

主要完成单位 云南省热带作物科学研究所、勐满农场、勐腊农场

主要完成人员 杨少斧、杨雄飞、王正国、徐绍康、杨火土、段世鑫、肖桂秀、梁国平

授奖级别 云南农垦科学技术进步奖三等奖

授奖时间 1995年

成果简介 ‘云研77-4’是按常规育种的技术原理育成，杂交亲本为‘GT1’×‘PR107’，杂种苗经思茅前哨点-0.9℃低温考验，选抗寒高产个体建立的次生代无性系，新品系植株同时参与前哨苗圃和云南省热带作物科学研究所苗圃系比试点，通过苗期产量预测和0.6℃低温考验，其产量和抗性均优于对照‘GT1’，1978年参与初级系比，1982年建高级系比，1988年扩大生产性试种，在各级系比试验中副性状良好。1990年全国橡胶优良品种汇评，被评为试种级。“八五”继续列为攻关指标品种研究，1995年6月被农业部专家组评为小规模推广级。

通过系统的观察鉴定，‘云研77-4’生长比‘GT1’快17%～19%，高级系比区1～2割年平均单株产干胶1.45 kg，产量454.5 kg/hm^2，分别为对照‘GT1’的149.5%和188.2%；抗寒力强于‘GT1’，在思茅前哨点，寒害比‘GT1’轻0.93级，在海拔1 000 m的大渡岗试种点，寒害比‘GT1’轻0.3～1.2级；抗白粉病中等。该品种目前已在西双版纳垦区4个农场推广种植6.7 hm^2，早期种植园已开割投产，性状表现良好。

獎狀

為表彰一九九四/九五年在科學技術研究及技術推廣工作中作出顯著成績的單位，特授予雲南農墾科學技術進步獎三等獎。

受獎項目 小規模推广級橡膠优良品种云研77-4

受獎單位 省熱作所

獎狀編號 了5030

雲南省農墾總局

一九九六年 月

芒果良种筛选及丰产栽培技术试验与推广

主要完成单位 云南省热带作物科学研究所

主要完成人员 李子添、曾建生、李国华

授奖级别 云南农垦科学技术进步奖三等奖

授奖时间 1997年

成果简介 该项目实施前及实施以来，从国内外共引进芒果品种140多个。其中，“七五”期间引进35个，保存28个，保存率80%，建品种园17亩。1988—1990年人工杂交授粉33个组合6 559朵花，坐果率11.7%，成苗5个组合10株。对所引进的品种进行了生物学习性观察、测产、施肥、修剪、疏伐、病虫害防治、保果、果实套袋、叶片和果实化学成份测定等丰产栽培试验。其中，芒果花期病虫害防治和果实套袋对提高芒果产量和品质效果显著。

奖状

為表彰一九九七年在科学技術研究及技術推廣工作中作出顯著成績的單位，特授予雲南农垦科学技術進步奖三等奖。

受奖项目 芒果良种筛选及其丰产栽培技术试验与推广

受奖单位 云南省热带作物科学研究所

奖状编號 97008

雲南省农垦总局

一九九八年二月

三等奖

天然胶乳的生物凝固和脱蛋白纯化与菠萝酶活性关系研究

主要完成单位　云南省热带作物科学研究所

主要完成人员　林文光、邹建云、古和平、朱明英、余红

授奖级别　云南农垦科学技术进步奖三等奖

授奖时间　1999年

成果简介　项目研究了菠萝皮汁直接利用于天然胶乳的生物凝固和脱蛋白，主要解决了下列几个关键技术：直接法测定菠萝皮汁蛋白酶活性；菠萝皮汁蛋白酶的提取和分离；菠萝皮汁蛋白酶酶活特性；菠萝皮汁有效成分及其贮存变化和保鲜；菠萝蛋白酶对天然胶乳生物凝固和脱蛋白作用。通过以上研究，确定了菠萝皮汁蛋白酶酶促反应最佳条件、胶乳生物凝固工艺条件和脱氮指标，提出了菠萝皮汁作为生物凝固剂的技术规格。该项目部分研究成果已在《子午线轮胎胶的研制》中得到应用。

奬狀

為表彰一九九九年在科學技術研究及技術推廣工作中作出顯著成績的單位，特授予雲南農墾科學技術進步奬三等奬。

受奬項目　天然胶乳的生物凝固和脱蛋白纯化与菠萝酶活性关系研究

受奬單位　云南省热带作物科学研究所

奬狀編號　9918

雲南省農墾總局

一九　年　月

云南省热带作物科学研究所档案管理晋升国家二级标准

主要完成单位 云南省热带作物科学研究所

主要完成人员 刘素群、李君红、黄雪莲、谢景玉、陈剑雄、林有兴、肖玉英

授奖级别 云南农垦科学技术进步奖三等奖

授奖时间 1999年

成果简介 项目完成了46年来各类档案的收集、整理、分类、立卷、编目、归档。首次对原有的3种门类近3 000卷档案重新鉴定，在全所范围内重新收集档案材料、鉴定整理，实现了热作所以科研档案为主体、文书档案等10种门类及载体的6 000多卷档案的集中统一管理；首次编制的《科技档案分类表》，按照各专业特点，根据学科、作物、课题进行分类，使科技档案案卷质量达到国家标准；首次制定了4种主体档案的管理办法及9种档案管理制度，使档案管理开始走向制度化管理；首次组建了以综合档案室为中心的、有专兼职档案人员21人的档案管理网络体系，使归档材料完整、准确、系统，档案的归档率、完整率和案卷的合格率及档案的系统化、规范化水平基本达到国家要求。全部工作获得了国家档案局颁发的《科技事业单位档案管理国家二级》证书，在云南农垦系统内实现了“国家二级”零的突破。

奖状

为表彰一九九九年在科学技术研究及技术推广工作中作出显著成绩的单位，特授予云南农垦科学技术进步奖 三 等奖。

受奖项目 云南省热带作物科学研究所档案管理晋升国家二级标准

受奖单位 云南省热带作物科学研究所

奖状编号 9919

云南省农垦总局

一九 年 月

二〇〇〇年五月

橡胶籽ω-3脂肪酸微胶囊化功能食品的开发研究

主要完成单位　云南省热带作物科学研究所

主要完成人员　陈建白、何美莹、白旭华、李国华

授奖级别　云南农垦科学技术进步奖三等奖

（2007年获西双版纳州科学技术进步奖二等奖）

授奖时间　2008年

成果简介　20世纪80年代的动物实验及临床治疗证实，橡胶籽油具有降脂效果，对心血管疾病也有预防和治疗效果。该油富含亚油酸（36%）、亚麻酸（20%），尤其是ω-3脂肪酸是降脂的有效成分，但易氧化劣变，贮藏稳定性差。本项目是橡胶籽油“食用、医用研究”的延续和深化，针对橡胶籽油微胶囊化功能食品开发的需求，通过大量的实验工作，成功地提取了酸角T多糖作为壁材和天然黄酮类作为抗氧化剂应用于产品开发，采用喷雾干燥技术，将优质橡胶籽油ω-3脂肪酸进行微胶囊化加工，获得的样品功能性脂肪酸含量大于40%、包埋率达到92.6%、抗氧化稳定性提高2～4倍。该产品的开发为综合开发利用橡胶籽油拓展了新的应用领域。

云南农垦科学技术进步奖

证　书

为表彰在促进云南农垦科学技术进步工作中做出贡献者，特颁发云南农垦科学技术进步奖证书，以资鼓励。

奖励项目：橡胶籽ω—3脂肪酸微胶囊化功能食品的开发研究

获 奖 者：云南省热带作物科学研究所

奖励等级：三等奖

奖励日期：二〇〇八年五月十九日

证 书 号：200815-3-D01

云南省农垦总局

云南橡胶园间作中药材资源调研

主要完成单位 云南省热带作物学会、云南省红河热带农业科学研究所、云南省德宏热带农业科学研究所、云南省热带作物科学研究所

主要完成人员 杨焰平、何天喜、赵国祥、李维锐、白燕冰、张洪波、刘昌芬

授奖级别 云南农垦科学技术进步奖三等奖

授奖时间 2008年

成果简介 项目首次对云南橡胶园南药资源进行了全面调研，初步摸清了云南橡胶园南药资源的种类、分布、生境、蕴藏量和开发利用情况。云南植胶区分布有中药材资源42种，隶属于18科28属。过去主要开发利用的有砂仁、肉桂、金鸡钠、猫须草、绞股蓝、益智、草豆蔻、石斛、闭鞘姜、魔芋等，因各种原因，均未能形成规模。为充分利用胶园的土地、空间和光照等资源，对今后在橡胶园合理间作发展南药生产提出了意见和建议：一是在不影响橡胶正常生产的前提下开展胶园间作；二是要根据胶园不同环境条件选择适宜的品种；三是要以市场需求为导向，分区域布局主栽品种；四是要以科技为支撑，严格按无公害标准生产；五是要以经济效益为中心，对间作作物实施精细化管理。

三等奖

云南热区草菇良种筛选及高效栽培技术研究、示范

主要完成单位 云南省热带作物科学研究所

主要完成人员 纪开萍、何明霞、王文兵、阿红昌、刘昌芬

授奖级别 云南农垦科学技术进步奖三等奖

（2008年获西双版纳州科学技术进步奖三等奖）

授奖时间 2010年

成果简介 项目根据草菇栽培特性，立足云南热区的气候及基质资源特点，对良种筛选、高产栽培技术、病虫害综合防治、周年栽培、菌渣综合利用等技术进行了系统的研究。解决了草菇栽培过程中菇房加温、保湿及病虫害综合防治的关键技术问题，筛选出适宜云南热区以稻草、橡胶树锯末为主要栽培基质的草菇良种3个及高产栽培配方2个，生物效率分别达到13%、20%，产品质量优良。首次实现云南热区草菇周年栽培，栽培示范1 200 m^2，收菇后的菌渣栽培红掌5亩，实现了菌渣综合利用。

云南农垦科学技术进步奖

证　书

为表彰在促进云南农垦科学技术进步工作中做出贡献者，特颁发云南农垦科学技术进步奖证书，以资鼓励。

奖励项目：云南热区草菇良种筛选及高效栽培技术研究、示范

获 奖 者：云南省热带作物科学研究所

奖励等级：三等奖

奖励日期：二〇一〇年二月二十日

证 书 号：201016-3-D01

云南省农垦总局

莲雾良种筛选及产期调控技术研究

主要完成单位　云南省热带作物科学研究所

主要完成人员　李国华、刘代兴、曾建生、赵志平、倪书邦

授奖级别　云南农垦科学技术进步奖三等奖

（2009年获西双版纳州科学技术进步奖三等奖）

授奖时间　2010年

成果简介　项目采用田间评价与室内评价相结合，从13个莲雾品种中筛选出适宜在西双版纳生产性种植的莲雾优良品种‘红宝石’（‘印尼红’）。通过物理调控与化学调控相结合，研究出一套适合于西双版纳生态条件（山地为主）的优质高产的产期调控技术，4年生‘红宝石’莲雾反季节果株产31.6 kg，平均果重90.2 g，可溶性总固形物含量12.7%，果色紫黑，肉质细，风味清甜，无籽。反季节果成熟期12月至翌年3月，筛选出适合莲雾催花安全有效的药剂2种，即莲雾促花灵、多效唑。

云南农垦科学技术进步奖

证　书

为表彰在促进云南农垦科学技术进步工作中做出贡献者，特颁发云南农垦科学技术进步奖证书，以资鼓励。

奖励项目：莲雾良种筛选及产期调控技术研究

获 奖 者：云南省热带作物科学研究所

奖励等级：三等奖

奖励日期：二〇一〇年二月二十日

证 书 号：201017-3-D01

云南省农垦总局

项目实施期，建立品比试验基地10亩，产期调控技术示范基地50亩，推广了100亩。对全省莲雾种植区的技术人员和农户进行了莲雾栽培的技术培训，为云南省莲雾产业发展打下了基础。

四等奖

利用电导法测定橡胶树的耐寒力

主要完成单位 云南省热带作物科学研究所

主要完成人员 橡胶育种研究室

授奖级别 西双版纳州科研成果奖四等奖

授奖时间 1979年

成果简介 本项研究是在西双版纳植胶区，利用电导法测定已知耐寒力的橡胶品系，以探讨用此法测定胶树耐寒力的可能性和可靠性，为橡胶抗寒育种的早期预测提供方法及筛选抗寒植株；对采样方法和测定季节也作了研究。橡胶离体新鲜叶片冷冻后，其外渗液的导电率较冷冻前显著增加。1977—1978年、1978—1979年冬测定已知不同耐寒力的品系20个，电解质范围分别为224.5%～948.9%和218.6%～822.7%，耐寒品系电导率小，不耐寒品系电导率大，电导率与耐寒力呈负相关。在20个品系中，电解质（%）低于‘GT1’者，多数是中抗和高抗品系；高于‘GT1’者，多数是低抗品系。耐寒力强和耐寒力差的品系，电解质差异悬殊。同品系不同个体间电解质差异小，不同品系之间电解质差异大。例如最小离均差，同品系为11.1，不同品系为8.8；最大离均差，同品系为41.1，不同品系为210.2；标准差同品系为30.9，不同品系为111.1。因此，利用电导法测定胶树品系或单株的耐寒力有巨大潜力。电解质的季节变化规律：从6月底到翌年1月电解质逐渐下降，6—9月高温多雨，电解质高，且与品系耐寒力关系不明显；从9月开始，普遍下降，至翌年1月最低，此期与品系耐寒力明显相关。利用电导法测定胶树耐寒力的适宜时期，结合本区落叶的时间，应以12月至翌年1月为宜。

树龄、物候、叶蓬位置、荫蔽程度不同，电解质不同。树龄与电解质呈负相关；变色期及萌动期的电解质比稳定期高；顶蓬叶比下部叶的电解质高。利用电导法测定不同品系或单株的耐寒力，应在立地环境、树龄，叶蓬、物候和荫蔽度相同的条件下采集叶样。

用电导法测定橡胶耐寒力速度快，1～2年生苗均可测定，可用作抗寒育种早期预测方法之一。特别是对人工杂交实生苗，可以进行早期鉴定，通过2～3次筛选，选择电解质低、波动较小的植株，芽接后进入前哨系比。

橡胶树种植密度和形式的研究

主要完成单位　云南省热带作物科学研究所

主要完成人员　原橡胶栽培组

授奖级别　西双版纳州科研成果奖四等奖

授奖时间　1979年

成果简介　为了确定对胶树生长、产胶、防寒、防病有利的种植密度和形式，1955、1963、1966年先后布置了不同种植密度和形式的试验。主要结果如下。

不同种植密度和形式对胶树生长、产胶、病害和寒害的影响是显著的。实生树每亩31株、33株者，生长、产胶和防寒均较好，其中，以2 m×10 m的种植形式最好；每亩42株、51株和61株者，随密度增加，生长随之降低，割面条溃疡病加重，树皮薄，产量低。无性系‘PB86’和‘RRIM600’每亩干胶产量，前者以亩植30株的最高，后者以28株的最高。因此，种植密度以每亩25～30株，宽行密株的形式为好。

宽行密株的种植形式，株距小，行距大。胶树4～5龄时，树冠在株间的伸展受到限制，根系伸展范围不大，行间虽有较大的空间和营养面积，但不能充分利用，茎围生长暂时受到限制。而到了根系枝叶能充分利用行间土壤养分和光照时，茎围迅速增长，树冠呈扁形，群体树冠呈波浪形，树冠受光面积大，光合力强，因此产胶量高。行宽、通风透光良好，利于预防割面条溃疡病发生。冬季林内接受阳光辐射热多，可减轻寒害（烂脚）。宽行还可适当间作二线作物，开展多种经营，也是提高企业抗灾能力的一种方法。

宽行密株种植形式，单位面积胶行短，可节省用工，降低生产成本。例如试验中2 m × 10 m的产量最高，胶行也最短，每亩仅66 m。4 m × 5 m的产量较高，每亩胶行132 m，比前者增加一倍。2 m × 8 m的胶行较短，每亩84 m，但产量低。3.6 m × 3.6 m和3.3 m × 3.3 m，每亩胶行长达183.6 m和201.3 m，比2 m × 10 m的分别增加1.8倍和2.5倍，产量最低。根据试验结果，对生产上种植密度和形式的意见如下。

哀牢山以西辐射型为主的降温地区（包括西双版纳、思茅、德宏、临沧植胶区）：一、二、三类型区的阳坡，一类型区的半阴坡，是云南省最好的植胶环境，产胶潜力大，为了高产，每亩种植29 ~ 30株，株距2 ~ 2.5 m，行距9 ~ 11 m。一类型区的缓阴坡，二类型区的半阴坡，在偏冷年份，烂脚、寒害较重，适当缩小株距，加大行距，每亩26 ~ 28株，株距2 m，行距12 ~ 13 m；二类型区阴坡，三类型区的半阴坡，缓阴坡，在偏冷年份易受害或成片死亡，株距缩小至1.5 ~ 2 m，行距加大至13 ~ 15 m，行间可适当间作；三类型区的陡阴坡，不宜植胶，可发展其他经济作物。

哀牢山以东平流型为主的降温地区（包括红河、文山植胶区）：可参照辐射降温地区的种植密度和形式适当加大株距，缩小行距，每亩种植28 ~ 33株，株距2 ~ 3 m，行距8 ~ 10 m。

经历次低温影响，橡胶树成片死亡需重垦林地，为尽可能利用原垦梯田，可采用宽窄行的种植形式，株距调整为2 m，定2行丢1行，每亩种植28 ~ 37株。

景洪坝区橡胶白粉病预测预报的研究

主要完成单位　云南省热带作物科学研究所

主要完成人员　植保研究室

授奖级别　西双版纳州科研成果奖四等奖

授奖时间　1979年

成果简介　橡胶白粉病（*Oidum heveae* steinm.）是橡胶树叶部主要病害之一。流行年份造成大量落叶，严重影响割胶，也为害花序，使种子减产。1963年以来，在景洪坝区对该病流行规律进行了长期研究，1976年，用数理统计方法对多年的资料分析整理，得出越冬期最冷月平均温度与最终病情指数级值，病害始见期抽叶量与最终病情指数相关均非常显著，从而推导出中期和短期测报的经验方程式，用于指导景洪坝区白粉病的防治，效果良好。

中期预测预报：在胶树抽叶前，预测大区病害流行趋势，以指导防治前的准备工作。以X为越冬期最冷月平均温度，Y为病害流行强度预测值，则Y随X变化的直线回归方程式为

$$Y=1.38X-17.77$$

当X大于15.5℃时，当年白粉病将中度或严重流行；X小于14.7℃时为轻病年；X在14.7～15.5℃时，为轻或偏中病年。若允许估测误差为最终病情指数级值±1，用上式回报1963—1976年的病情，13年中有9年准确，准确度为77%；回报1977—1979年的病情，3年均准确，准确度为100%。

短期预测预报：在胶树抽叶后，根据痛害发生和胶树物候状况预测病害严重度，以确定喷粉防治的必要性及时机。

严重度预测：以X为多点病害始见期抽叶量，Y为大区最终痛情指数，其回归方程式为

$$Y=54.48-0.49X$$

当X小于30%及30%～60%时，预计最终病情指数分别为大于40（重病）和25～40（中痛），必须喷粉防治；为60%～70%时，病情轻或偏中（指数20～25），只需对晚抽叶植株喷粉防治；X大于70%时，则痛害轻，不必喷粉。

上式也适用于小区最终病情指数的预测。应用此公式回报历年大区病情，8年中有7年准确，准确度为88%；预报1977年、1978年病情，则完全准确；预报1977年和1978年小区病情，其准确度分别为78%和92%。但1979年，在抽叶发病期，高温干旱，抑制病害发展，坝区海拔600 m以下林段，预报不准确。

喷粉时机预测和防治效果：在正常年份预测最终病情指数25～40的中病林段，于病害始见期后8～12 d内全面喷粉1次，即可将最终病情指数控制在20以下，4～5级病株控制在2%以下；预测最终病情指数可达40以上的重病林段，尚需于第一次喷粉后10 d左右再第二次全面喷粉，才能收到良好效果。若第一次喷粉时机延误至病害始见期17 d以后才喷粉，则防治无效。

橡胶割面条溃疡病流行规律及综合防治

主要完成单位 云南省热带作物科学研究所

主要完成人员 植保研究室

授奖级别 西双版纳州科研成果奖四等奖

授奖时间 1979年

成果简介 橡胶割面条溃疡病是由疫霉菌（*Phytophthora* spp.）侵染引起的割面病害，云南垦区于1961年在西双版纳实生树胶园首次发现。20世纪70年代初期，大批易感病高产芽接树相继投产，又在低温和阴雨天气加刀强割，造成连续3年（1970—1972年）病害暴发流行，1972年，西双版纳因病停割率达14.1%。严重受害树的病灶多年不能愈合，木质部裸露，虫、菌加害，极易风断。1962年起，先后开展了病害发生、流行规律和防治措施的研究，1972年，提出防病割胶综合措施推广应用，控制了病害的大流行，全区因病停割率一般降低到1%左右。

病害发生和流行规律：降雨、阴湿是病菌侵染的决定因素，低温是病斑扩展的主要原因。病菌侵染和扩展的气象指标为连续3～5 d的阴雨天气，相对湿度在90%以上，能引起割面新的侵染，随着降雨过程增加，新侵染频率加大。一年中一般在7—8月和10—11月出现两个侵染高峰期。当日均温小于22℃、月均温小于20℃和日最低温度等于或小于15℃时，大量出现急性型扩展溃烂斑块，甚至隔年老病斑也会复发，其扩展速度随气温下降而加剧。该病周年活动可分为3个阶段，即侵染不扩展阶段（4—9月）、侵染扩展阶段（10月至翌年2月）和侵染扩展终止阶段（3—5月）。

侵染来源：土壤带菌是主要侵染来源，由雨水飞溅把病菌带到割口引起感染。雨季盛期（7—8月）季风性落叶病也会加重割口的新侵染。从胶园土壤和病果、枝、叶均分离到致病疫霉菌。

不同品系的感病性：通常芽接树比实生树病重。芽接树中‘PB86’和‘RRIM600’是易感品系，感病后易引起割面大块溃烂；‘PR107’和‘GT1’耐病性较好。

综合防治措施：1972年提出防病割胶综合措施列入《云南橡胶栽培技术暂行规程》，1973年云南垦区《防病割胶》会议确定正式推广。

遵守安全割胶制度，坚持“四不割”：即毛毛雨天和割面、树身不干不割；早上正常割胶时间气温不到15℃不割；割面出现2 cm以上扩展型病斑或3级以上病树不割（待治疗处理后病部稳定，边缘产生愈合组织后再割）；3级以上病树达15%以上的树位不割或停停割割。合理安排割次，不能连割3次。混凉季节（10—11月）适当浅割。

雨季不割低割线和不开新割线。

历年重病区，雨季开始以后应于割胶当天下午喷药，每割1～2刀喷药1次，停割后在涂封割面以前仍要喷药1～2次。

及时治疗处理病林，不让扩展型病斑过冬。

加强林管，及时砍除林内、林缘高草，修除下垂枝，以降低林间湿度。

黎明农工商联合公司《畜禽疫病》

主要完成单位 黎明农工商联合公司

主要完成人员 孙云昌、王明刚、杨正富、汤汝松

授奖级别 云南农垦科学技术进步奖四等奖

授奖时间 1989年

成果简介 《畜禽疫病》一书是黎明农工商联合公司按照农牧渔业部《关于开展全国畜禽疫病普查的通知》及云南省农垦总局、西双版纳农垦分局下达的有关通知精神，开展本公司范围内的畜禽疫病调查研究工作后编写的。普查采取了专业队伍与群众、现场访问与查阅历史资料、临床与实验室诊断相结合的方法，对收集的大量技术资料进行了综合分析和整理，对一些疑难病进行了确诊。

《畜禽疫病》全面系统地总结了30多年来黎明农工商联合公司处于亚热带及热带这一特定环境下畜禽疫病的种类、分布、发生特点、流行规律和防治经验，并提出了切实可行的防治措施与方法。此书理论联系实际，内容丰富，资料翔实，可供指挥畜牧生产的领导及从事畜牧兽医的科技工作者参考。

甲酸凝固剂的推广应用

主要完成单位 云南省农垦总局生产技术处、云南省热带作物科学研究所、河口农场等

主要完成人员 陈伟隆、邓中梧、林文光、姚怡秀、林金振

授奖级别 云南农垦科学技术进步奖四等奖

授奖时间 1990年

成果简介 本项目首先依据云南省制胶工艺技术特点，进行快速凝固工艺和常规凝固工艺的甲酸凝固试验，根据试验结果，总结甲酸凝固剂的利弊，扩大进行甲酸的生产性应用试验。由于使用甲酸效益显著，技术简单，对工艺和质量无甚影响，不到5年时间，在云南垦区的推广面积已达75%～80%。根据甲酸的理化性质及应用经验，其使用技术要点如下。

甲酸酸性比醋酸强，配制浓度应低些。用于快速凝固，甲酸配制浓度为5%，甲酸对氯化钙的配合比调整为10：（2.82～3.20）。常规凝固甲酸配制浓度为1%～2%。

用甲酸凝固后，胶色较深，并有延长干燥时间的趋势，要严格控制胶乳加氨量和凝固用酸量。对一般无氨胶乳，凝固用酸量为干胶的0.35%～0.45%（纯量）。三级品甲酸为干胶的0.41%～0.53%。

甲酸为无色发烟易燃液体，有渗透性刺激臭味，使用时要注意安全防护，防止灼伤。

1988年，云南垦区用甲酸生产干胶3.5万t，全年节约凝固费用达88.2万元。1985年以来累计用甲酸生产干胶11万t，节约凝固费用达208万元。

四等奖

奬狀

為表彰一九九〇年在科學技術研究及技術推廣工作中作出顯著成績的單位，特授予雲南農墾科學技術成果奬四等奬。

受奬項目：甲酸凝固剂的推广应用

受奬單位：云南省热带作物科学研究所

奬狀編号：90—054

雲南省農墾總局

一九九一年三月

预测鲜胶乳早期凝固的研究

主要完成单位 云南省热带作物科学研究所

主要完成人员 林文光、余红、古和平、邹建云、伍英

授奖级别 云南农垦科学技术进步奖四等奖

授奖时间 1997年

成果简介 本项目通过大量实验数据，应用相关分析法，找出与胶乳稳定性相关密切的因子。从大量实验观测值的散点图中发现，鲜胶乳的加工稳定性与其初始pH值（pH_0）、林内日最低气温（T）和日最低相对湿度（H）相关极显著，相关系数分别是0.84、−0.71和−0.56。应用t_1=12.39pH_0−76.5、t_2=9.58pH_0−0.28T−51.7、t_3=10.22pH_0−0.32T+0.018H−56.25回归方程式，可以在收胶站中午12时或午后对当天进厂鲜胶乳的加工稳定性进行预测，实用试验结果平均预测误差1.08 h，预测误差小于2.3 h的可靠性93.7%，接近95%置信度。据此提出低氨中性保存法，以期改变低氨保存法的盲目性。其要点如下。

西双版纳地区鲜胶乳90%以上割胶天数可以自然保鲜至16时，不必加氨；应用回归方程式可以在12时或午后对当天进厂鲜胶乳的加工稳定性进行预测；根据预测结果，对加工稳定性小于或等于凝固加工时间的少数早凝胶乳（约占统计数10%）加氨至近中性，可以延长加工时间4～6 h。

该法在生产上推广应用可望节省90%氨和3.53倍醋酸（或2.71倍甲酸）。以云南省年产10万t干胶计，年节支可达700万元。

奖状

為表彰一九九七年在科学技術研究及技術推廣工作中作出顯著成績的單位，特授予雲南農墾科学技術進步獎四等獎。

受獎項目 预测鲜胶乳早期凝固的研究

受獎單位 云南省热带作物科学研究所

獎狀編號 97024

雲南省農墾總局

一九九八年二月

鲜胶乳复合保存剂的时差协合效应

主要完成单位 云南省热带作物科学研究所

主要完成人员 林文光、余红、古和平、邹建云、伍英

授奖级别 云南农垦科学技术进步奖四等奖

授奖时间 1997年

成果简介 生产固体生胶，为防止鲜胶乳自然凝固，国内外一直沿用低氨早期保存法。20世纪70年代，国外推荐“低氨+硼酸”用于生产浅色胶，“低氨+羟胺盐”用于生产恒黏胶。80年代华南又推荐“0.08%氨+0.02%TT/ZnO”作为翌日天进厂加工生产标准胶的鲜胶乳保存剂。

本项目对上述三大复合剂进行适应性验证，发现保存剂普遍具有适时性，即加入胶乳最适时间。由于低氨有利于细菌繁殖，加入胶乳时间并非越早效果越好。复合剂的协合力不仅受到复合剂性质的影响，还与复合剂的使用方法密切相关。当以氨作为第一保存剂与另一具有独立保存效力的酸性保存剂共组复合剂时，该复合剂具有时差协合效应。时差是指第一保存剂与第二、第三保存剂各自加入胶乳的最适时间之差。应用时差保存法可使复合剂“0.05%氨+0.1%硼酸”“0.1%尿素+0.1%硼酸”和“0.05%氨+0.15TT/ZnO”发挥最大协合力，全年平均比早期保存法（即同时法）分别增效28.9%（3.9 h）、15.3%（2.5 h）和36.9%（7.6 h），增效极显著。

奖状

為表彰一九九七年在科學技術研究及技術推廣工作中作出顯著成績的單位，特授予雲南農墾科學技術進步獎 四 等獎。

受獎項目 鲜胶乳复合保存剂的时差协合效应

受獎單位 云南省热带作物科学研究所

獎狀編號 97023

雲南省農墾總局

一九九八年二月

西双版纳州景洪县勐旺乡总体发展规划

主要完成单位 云南省热带作物科学研究所

主要完成人员 林鸿培、张汝、莫壮者、汤汝松

授奖级别 云南农垦科学技术成果奖鼓励奖

授奖时间 1989年

成果简介 该规划是在景洪市农业综合区划的基础上，从宏观出发，突出区域特色，因地制宜，为尽快使勐旺乡自然优势转化为经济优势，厘清了勐旺乡的农业自然资源、社会经济和技术的条件，进行总体规划，以便使自给自足的自然经济发展成为向社会提供大量产品的商品经济，达到山区人民尽快脱贫致富的目的。

本规划分析了该乡的资源优势和制约因素，总结了经济发展的经验教训，在此基础上提出总体发展战略，并对实现这些发展战略所采取的政策和措施进行了阐述，为勐旺乡的总体发展提供了科学的决策依据。

奖状

為表彰一九八九年在科學技術研究及技術推廣工作中作出顯著成績的單位，特授予雲南農墾科學技術成果獎鼓励壹等獎。

受奖項目：西双版纳景洪县勐旺乡总体发展规划

受奖單位：云南省热带作物科学研究所

獎狀編号：89—001

雲南省農墾總局

一九九〇年二月

橡胶高海拔地理试种

主要完成单位 云南省热带作物科学研究所

主要完成人员 原橡胶试种组

授奖级别 西双版纳州科学大会奖

授奖时间 1979年

成果简介 1956年开始在西双版纳进行高海拔（900～1 400 m）地理试种，最初应用未经选择的实生树作为试种材料。后来选用一些无性系，并把试种点扩大到思茅专区的一些地方。

根据橡胶树在不同海拔高度的适应性资料，确定了西双版纳植胶区的植胶海拔上限，初步认为海拔1 000 m以下的丘陵山地为宜胶地。

高海拔植胶生态条件的变化为：海拔每上升100 m，平均温度下降0.4℃，≥15℃的年积温降低200℃左右。胶树物候期延迟，生长减慢，叶片变小，树形矮小，树皮粗糙。但实生树试种在海拔1 000 m左右的山地，7年就达到了开割标准，产胶量略低于低海拔坝区。由于辐射逆温，坝子边缘的高海拔丘陵山地阳坡，冬季苗木低温寒害反比坝子轻，是避寒的植胶环境。

在孟连、上允试种点，表现较好的品系有'PR228''RRIM623'和'GT1'，其中，'GT1'是生产上公认的中抗品系。'RRIM600'耐辐射低温能力比'PB86'稍强，高海拔的阳坡仍可种植。

通过试种，为云南省扩大橡胶种植区提供了依据。

化学除莠剂在胶园的应用

主要完成单位　云南省热带作物科学研究所

主要完成人员　原橡胶栽培组

授奖级别　西双版纳州科学大会奖

授奖时间　1979年

成果简介　引进的18种除草剂在胶园应用结果表明，茅草枯（达拉朋）、镇草宁（草甘膦）灭茅效果居优，杀除率达80%以上，且杀草谱较广，能灭除多种禾本科杂草。最适除草剂量茅草枯为1.56%、镇草宁为1%，剂量过高即产生触杀作用，根死亡不彻底。雨季施药比旱季效果好，在药液中加入0.01%（按总药液量比）洗衣粉，有明显增效作用。

施用茅草枯等叶面处理剂需大量配药用水，而胶园多位于丘陵山地，水源较远，供水困难。通过在胶园内分散设置贮水坑，铺设塑料薄膜贮蓄雨水，可有效解决山地胶园喷药用水问题，降低除草费用50%左右。

西玛津、扑草净为萌前除莠剂，一般用喷雾法施药。1970年以来，试验采用毒土法，对胶园内植胶带施原药0.5 kg/亩，加25 kg细土或锯末作填充料，一次施药可保持地面2～3个月内无杂草萌生。在橡胶苗圃施用量因苗龄而异，3个月苗每亩施用量为0.2 kg，4～6个月苗为0.3 kg，6个月以上为0.4～0.5 kg。用毒土法，可节省施药机具，提高工效5～6倍。采用超低容喷雾技术喷施镇草宁，经济效益亦很显著，每亩施药液（稀释）4 kg，只需喷施10 min，比常规喷雾法省时60 min，节省用水96 kg。

橡胶树合理施肥的研究

主要完成单位　云南省热带作物科学研究所

主要完成人员　土壤农化研究室

授奖级别　西双版纳州科学大会奖

授奖时间　1979年

成果简介　西双版纳植胶未系统进行过施肥试验，施肥有相当的盲目性。1972年以来，项目组陆续对本区橡胶幼树和割胶树布置了肥料试验。7年的试验结果表明：由森林、竹林开垦植胶的砖红壤性土，幼树期施氮磷肥对生长的效果不明显，钾肥略有抑制作用。割胶树氮磷肥配合施用有10%左右的增产效果，施优质有机肥亦有效果。单施氮肥对生长和产量有副作用。钾肥效果仍不明显。施氮多，胶乳干胶含量略有降低，胶树烂脚寒害加重，风害加重；增施磷钾肥，可增强胶树耐寒力，寒害减轻0.9～1级。

因此，西双版纳森林、竹林砖红壤性土垦后植胶，关键是做好水土保持，在此基础上坚持表土回穴，施适量磷肥作基肥，建立豆科覆盖，幼树期利用丰富的林地青材料进行扩穴压青改土和覆盖，可不必再施氮磷钾化肥，仅对肥力差的林地酌量施用；割胶树每年每株可施有机肥15～25 kg、氮肥0.5～0.75 kg、磷肥0.25～0.4 kg，重寒害区和个别缺钾林段每年每株可增施氯化钾0.15～0.25 kg。

快速凝固制胶工艺的研究

主要完成单位 云南省热带作物科学研究所

主要完成人员 橡胶加工综合利用研究室加工组

授奖级别 西双版纳州科学大会奖

授奖时间 1979年

成果简介 1970年以来，首先对国内外介绍的加速凝固剂进行筛选，发现由醋酸、氯化钙和橡胶籽油皂组成的复合凝固剂，其凝固速度可以使胶乳凝固工序实现连续化。而后根据连续生产胶片的要求，研究相应的工艺条件和制胶设备，并在北京橡胶工业研究院、桦林橡胶厂、青岛橡胶二厂、上海轮胎二厂、景洪农场等单位的协作下，对快凝制胶工艺的适应性、快凝胶的质量和使用性能进行长期深入的研究。

1. 工艺和设备

凝固剂：胶乳在正常干胶含量范围内（25%～40%）和低氨（0.08%以下）保存条件下，采用冰醋酸0.8%～1.8%、氯化钙0.1%～0.3%和橡胶籽油皂0.2%～0.4%（均按干胶重量计），可使胶乳凝聚速度达到30 s，凝固时间缩短至3 min。

凝固：胶乳的适宜凝固浓度为25%～30%，橡胶籽油皂可预先加入混合池与胶乳混合均匀，醋酸和氯化钙的配合根据胶乳pH值和季节作调整，分为10∶1.4、10∶1.5、10∶1.6。胶乳和凝固剂分别流经稳流器后进入混合器，凝固pH值4.8～5.1，凝聚速度30～40 s，凝块均匀、光滑、无裂口、压片无白水。

传送：胶带传动中心长（m）×内宽（cm）×深（cm）=16.6×28×3；传送速度：3.0 m/min、5.0 m/min、8.0 m/min（三速）；传递功率：2.8 kw；搅拌速度：250～300 r/min；搅拌功率：380 W；生产能

力：2×450、2×750、2×1 200 kg/h（二带）。

2. 快凝胶质量

化学成分：快凝胶片经适当浸水后、化学成分达到《橡胶工业原材料技术条件》一级胶指标。加热减量，0.26%；灰分，0.18%；水溶物，0.20%；蛋白质，3.12%；丙酮抽出物，3.54%；铜含量，无；锰含量，痕迹；氯化钙含量，0.039%；上述快凝胶胶样凝固剂用量为氯化钙0.296%，醋酸1.86%，橡胶子油皂0.4%。

混炼胶性能：混炼胶硫化速率主要受胶料水溶物含量影响。快凝胶通过适当浸水处理，控制水溶物含量小于0.6%，可以得到正常的焦烧时间和硫化性能。另外，通过调整硫化体系（如纯胶配合中用促进剂CZ代替M，并降低硫黄用量）也能达到延长焦烧时间的目的。

硫化胶物理性能：多次室内试验证明，快凝胶无论是纯胶配方、胎面配方和实用生产配方，其综合物理性能均不低于常规凝固的同类烟胶片和标准胶。

生胶贮藏性能：快凝胶烟片贮存两年后和常规烟片化学成分比较没有显著变化，理化指标均超过《橡胶工业原材料技术条件》一级胶指标，贮后的耐热氧老化性能不比贮前差。贮存10年半后的快凝胶烟片理化性能明显优于相同贮存条件的常规凝固胶烟片，自然贮存胶老化的主要特征之一是丙酮抽出物显著下降，前者保留率约77.1%，而后者仅为37.3%。

里程试验：快凝烟片胶试胎和快凝标准胶试胎，无论在使用里程、累计磨耗和翻新率方面，均接近常规凝固之同类胶试胎。快凝胶试胎的平均使用里程可达75 778 km、平均累计磨耗为5 942 km/mm。

3. 生产应用结果

快速凝固工艺应用于中小规模制胶厂，经长期扩大试验证明是成功的，可以减少基本建设费用，改善劳动条件，提高工效，降低成本，平均每吨橡胶加工成本节省30元以上，一级胶等级率约提高3%。至1981年，全省采用快凝工艺的制胶厂已达26个，产胶11 259 t，占全省当年总产量的57%。快速凝固应用于标准胶生产线，可以大大提高机械化和连续化水平，缩短生产周期，提高设备利用率，其经济效益也将随快凝标准胶工艺的逐步完善而提高。